PRODUCTION ÉCONOMIQUE

DU

BLÉ EN FRANCE

MOYENS A EMPLOYER

pour lutter contre la concurrence américaine

PROPOSÉS PAR

E. GATELLIER

ANCIEN ÉLÈVE DE L'ÉCOLE POLYTECHNIQUE
INGÉNIEUR CIVIL DES MINES
PRÉSIDENT DE LA SOCIÉTÉ D'AGRICULTURE DE MEAUX

PARIS

LIBRAIRIE DES HALLES ET MARCHÉS

RUE DE SARTINE, 4 (PRÈS LA POSTE)

1888

LA PRODUCTION ÉCONOMIQUE

DU

BLÉ EN FRANCE

LA
PRODUCTION ÉCONOMIQUE

DU

BLÉ EN FRANCE

MOYENS A EMPLOYER

pour lutter contre la concurrence américaine

PROPOSÉS PAR

E. GATELLIER

ANCIEN ÉLÈVE DE L'ÉCOLE POLYTECHNIQUE
INGÉNIEUR CIVIL DES MINES
PRÉSIDENT DE LA SOCIÉTÉ D'AGRICULTURE DE MEAUX

PARIS

LIBRAIRIE DES HALLES ET MARCHÉS

RUE DE SARTINE, 4 (PRÈS LA POSTE)

1883

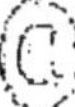

AVANT-PROPOS

Vivement frappé de la situation désastreuse faite à notre agriculture par la concurrence américaine, en ce qui concerne la production du blé, j'ai été conduit à rechercher pour quelles causes les Américains pouvaient obtenir le blé à meilleur marché que nous. J'ai reconnu que la principale de ces causes était la dépense d'engrais obligatoire sur notre vieux Continent, et dont on peut se dispenser dans les sols vierges du nouveau monde. Si donc nous pouvions diminuer notre dépense d'engrais sans altérer nos récoltes et en visant toujours à obtenir le maximum de produits, il en résulterait naturellement une amélioration très sensible dans notre situation. C'est dans ce but que j'ai proposé à la Société d'agriculture de Meaux de se livrer à une étude sur le prix de revient des fumiers. J'ai publié sur cette question un travail qui a été remarqué par la Société nationale d'agriculture et sur lequel M. Lecouteux a fait un rapport sous le titre « Les blés d'Amérique et les blés de Seine-et-Marne. » En réponse à certaines critiques formulées dans ce rapport, j'ai dû faire paraître une nouvelle étude sur la fumure rationelle et économique à employer pour la production du blé. M. Lecouteux y a répondu par un article intitulé « La fumure rationnelle du sol. »

J'ai pensé qu'il pouvait être utile de réunir en un seul

fascicule mes deux brochures et d'y intercaler les ré-
flexions de M. Lecouteux, afin d'édifier nos cultivateurs
sur une question de haute actualité, trop heureux si
le résultat de mes observations basées sur la science et
surtout sur la pratique, pouvait leur permettre de lutter
avec l'Amérique pour la production économique du blé.

ÉTUDE

SUR LE

PRIX DE REVIENT DES FUMIERS

Au commencement de l'année 1878, lorsque la concurrence Américaine s'est subitement révélée dans le monde agricole par une inondation de céréales en Europe, lorsqu'on a commencé à connaître la rapide extension de la culture dans les terres des Etats de l'ouest de l'Amérique, où l'on peut récolter sans restitution d'engrais pendant un nombre d'années dont on ne peut fixer le terme, l'agriculture française s'est émue de cette situation.

Pour lutter contre une semblable concurrence, il est nécessaire de surveiller de très près les opérations agricoles, et de s'en rendre compte.

Il est bien certain que lorsque la période d'expansion de la culture américaine sera terminée, lorsqu'on reconnaîtra la nécessité dans le Far-West de répandre des engrais pour récolter, l'équilibre sera établi et nos craintes auront disparu.

Mais en attendant ce rétablissement d'équilibre, pendant une période dont on ne connaît pas la durée, la lutte avec l'Amérique pour les produits agricoles est-elle possible? Et dans quelles conditions peut-on la soutenir?

C'est afin de répondre à ces questions que j'ai proposé à la Société d'agriculture de Meaux, le 5 janvier 1878, l'étude du prix de revient des fumiers de chaque sorte. Le but proposé était de rechercher avec quelles sortes d'animaux le fumier coûte le moins cher, et si l'emploi du fumier le moins coûteux, peut donner à nos produits agricoles des prix de revient tels qu'ils ne dépassent pas les prix de revient des produits obtenus sans engrais du Far-West de l'Amérique, augmentés des frais de transport nécessaires pour arriver en France.

Depuis la mise à l'étude de cette question dans notre Société, des documents ont été publiés sur les prix de revient du blé en France et en Amérique.

D'un côté, notre regretté collègue M. Buignet, avec l'aide d'une commission nommée à cet effet, a indiqué le prix de revient du blé d'une année moyenne dans notre arrondissement.

D'un autre côté, un français, M. Ronna, et des anglais MM. Clare Read et Albert Pell, ont établi les prix de revient du blé américain de l'ouest, dans des publications parues en 1880 et 1881. D'après ces documents, la dépense par hectare de blé dans l'ouest de l'Amérique varie de 100 à 140 fr. suivant les exemples donnés.

Mais, dans beaucoup de cas, certains éléments de cette dépense ont été omis. L'un des tableaux les plus complets est celui qui est mentionné dans les rapports de MM. Clare Read et Albert Pell sous le titre : *Frais de culture d'un hectare de blé dans le Minnesota*, d'après M. Hubbard.

Nous avons pensé qu'il pouvait être intéressant de mettre en comparaison le prix de revient du blé dans notre contrée d'après M. Buignet et celui de l'ouest de l'Amérique d'après M. Hubbard.

Frais de culture d'un hectare de blé :

	Dans l'arrondissement de Meaux, d'après M. Buignet.	Dans le Minnesota, d'après M. Hubbard.
Location et impôt	100 fr. » »	22 fr. 40 c.
Fumier. En comptant une fumure de 45,000 kilos par hectare pour 3 ans, à 11 fr. les 1,000 kilos dont 30 0/0 pour le blé	150 » »	» » »
A reporter	250 fr. » »	22 fr. 40 c.

Report........	250 fr.	» »	22 fr.	40 c.
Engrais complémentaires	80	» »	»	» »
Labour et hersage.....	50	» »	20	35
Semence.............	75	» »	22	40
Ensemencement......	4	» »	3	20
Roulage au printemps..	4	» »	»	» »
Frais généraux........	20	» »	1	92
Intérêt du capital......	25	» »	»	» »
Moissonnage, liage et tilles.............	50	» »	27	26
Battage.............	48	» »	19	20
Rentrée à la grange ...	18	» »	7	68
Conduite au marché ...	10	» »	5	76
Total........	634	» »	130	17
A déduire valeur de paille.............	150	» »	»	» »
Reste........	484 fr.	» »	130 fr.	17 c.

Avec les frais de 484 fr., on obtient dans l'arrondissement de Meaux une récolte moyenne de 24 hectolitres pesant 75 kilos l'un, soit 18 quintaux.

Et avec la dépense de 130 fr. 17, M. Hubbard obtient en moyenne 13 hectolitres pesant 77 kilos l'un, soit 10 quintaux.

Le prix de revient est donc par quintal pour M. Buignet :

$$\frac{484}{18} \qquad \text{ou} \qquad 26 \text{ fr. } 90 \text{ c.}$$

Pour M. Hubbard : $\dfrac{130}{10}$ ou 13 fr. » »

Pour faire arriver un quintal de blé du Minnesota en France, il en coûte :

Transport............................... 10 fr. » » c.
Entrée................................. » » 60

Soit............................... 10 fr. 60 c.

Il en résulte que pour une récolte moyenne notre blé revient à... 26 fr. 90 c.
Et le blé américain rendu en France revient à. 23   60

Ecart en faveur du blé américain...   3 fr. 30 c.

A la rigueur, il faudrait ajouter au prix du blé américain pour arriver jusque chez nous les frais de transport à partir du Havre, c'est-à-dire 1 fr. 50 par quintal. Mais ces frais supplémentaires peuvent être et seront prochainement largement compensés par une diminution des frais de transport de l'ouest de l'Amérique en Europe, lorsque les Américains nous enverront de la farine au lieu de blé et qu'ils auront à transporter seulement 70 kilos de farine au lieu de 100 kilos de blé. Déjà, ils s'organisent dans ce but, et le journal le *Messager franco-américain*, dans son numéro du 13 septembre 1881, annonce que MM. Pillsbury et Cie montent à Minéapolis, dans le Minnesota, des moulins qui pourront à la fin de cette année écraser 10,000 quintaux de blé par jour, et pour lesquels il faudra quotidiennement cent wagons pour amener le blé nécessaire, et cent wagons pour expédier les produits.

On peut donc compter qu'en récolte moyenne, nos blés reviennent sur notre marché à 3 fr. 30 par quintal plus cher que les blés américains, et que pour rétablir l'équilibre, il faut trouver le moyen de réduire les frais par hectare de 3 fr. 30 c. × 18 quintaux, ou de 59 fr. 40 c.

En examinant attentivement le tableau comparatif ci-dessus ndiqué, des frais de culture d'un hectare de blé dans notre arrondissement et dans l'ouest de l'Amérique, on peut distinguer dans ce tableau :

1° Les frais proportionnels à la récolte, tels que frais de moissonnage, de battage, de rentrée à la grange, de conduite au marché ;

2° Les frais indépendants de la récolte ou frais généraux, tels que : location, façons de terre, ensemencement, etc.

Les frais de fumure qui existent en France et qui n'existent pas en Amérique, peuvent être considérés aussi comme des frais généraux nécessaires en France et dont la suppression amènerait forcément une diminution de rendement.

Pour les frais proportionnels à la récolte, il n'y a pas un grand écart entre nos prix et ceux d'Amérique, en tenant compte des quantités récoltées de part et d'autre. Toutefois, il est peut-être possible de réduire un peu nos frais de moissonnage, par l'emploi des moissonneuses perfectionnées.

En passant en revue les frais généraux, on peut faire les observations suivantes :

1° Les dépenses de culture sont moindres en Amérique, parce que les labours sont moins profonds, et que les chevaux ont une moindre valeur et coûtent moins cher à nourrir;

2° Les frais d'ensemencement coûtent moins cher en Amérique, parce que le blé y coûte un prix bien inférieur;

3° Il y a une grande différence entre l'Amérique et notre contrée pour les prix de location et d'impôt. Mais le prix de location dépend de l'offre et de la demande; il est bien entendu que si nos cultivateurs ne peuvent lutter avec la culture américaine, la demande de location diminuera et les prix de loyer s'abaisseront; mais ce n'est pas de ce côté-là qu'il faut désirer pour nous une diminution de frais; car ce serait une atteinte portée à notre richesse nationale.

Quant à l'impôt, si la différence est grande, c'est que les Américains tirent des douanes et non de la terre les ressources nécessaires aux dépenses publiques, tandis que chez nous l'Etat et surtout les départements et les communes, tirent une partie de leurs ressources de l'impôt sur la terre, qui s'élève à environ 15 fr. par hectare. Il dépend des pouvoirs publics et non du cultivateur, de faire une diminution sur ce chapitre.

Reste la question de fumure.

Sur tous les autres points, nous ne pouvons obtenir qu'une diminution de frais insignifiante, à peine 10 fr. par hectare sur les frais de moissonnage. Il reste à savoir si sur cette question de fumure, dont les Américains n'ont pas à se préoccuper, du moins pendant une certaine durée, nous pouvons faire une notable économie de dépenses. Il ne s'agit pas de diminuer dans les engrais les quantités des éléments nécessaires à la récolte moyenne que nous avons établie : il s'agit de rechercher la diminution du prix de cette fumure, tout en rendant à la terre la matière fertilisante nécessaire.

Dans le compte ci-dessus présenté, il est indiqué comme fumure une dépense de fumier de 150 fr., à raison de 11 fr. les 1,000 kilogrammes, et une dépense d'engrais complémentaire de 80 fr. Les engrais complémentaires employés sont composés d'éléments azotés et phosphatés.

Par le retour le plus fréquent possible dans l'assolement de prairies artificielles, tels que : luzerne, trèfle ou sainfoin, on peut économiser l'emploi de l'azote qui coûte le plus cher, et n'employer comme engrais complémentaire pour la culture du blé que des phosphates. Par cette méthode, il est possible d'économiser environ 20 fr. sur les engrais complémentaires à employer par hectare de blé.

Reste le chapitre du fumier, sur lequel il s'agit de trouver au moins 30 fr. d'économie, pour arriver à parfaire les 60 fr. nécessaires comme réduction de frais à l'hectare, pour lutter avec l'Amérique.

Le fumier a été compté à raison de 11 fr. les 1,000 kilogrammes répandus sur le sol : il s'agit de rechercher par quels moyens il serait possible de l'obtenir à meilleur marché. S'il était possible d'en réduire le prix de 2 fr. 50 c., c'est-à-dire l'obtenir à raison de 8 fr. 50 c. les 1,000 kilogrammes répandus sur le sol, l'économie cherchée d'au moins 30 fr. serait trouvée.

C'est pour cela que la Société d'agriculture de Meaux a proposé à ses membres la solution de ce problème :

Quel est donc dans notre arrondissement le prix de revient des divers fumiers ?

Pour arriver au but cherché, il fallait trouver des fermes dont la comptabilité soit bien tenue, où pendant toute une année agricole l'on sache exactement la quantité de nourriture donnée aux divers animaux, la valeur de cette nourriture estimée au prix de vente sur le marché, déduction faite du transport, la valeur des divers produits de toutes sortes et la quantité de fumier obtenu pour chaque série d'animaux.

Nous devons déclarer que nous ne serions pas arrivés au résultat poursuivi, si nous n'avions eu, dans notre arrondissement, un propriétaire cultivateur qui a l'habitude de tenir une comptabilité scrupuleuse dans toutes ses entreprises, M. le baron Alphonse de Rothschild, qui, dans cette circonstance a été admirablement secondé par M. Pelletier, son fermier de Ferrières.

Nous allons donc établir d'après les renseignements obtenus pour la ferme du château de Ferrières, d'une contenance de 175 hectares, les prix de revient de fumier de chaque sorte pour les vaches, les moutons, les porcs, les chevaux et les bœufs, et comme en définitive, nous recherchons le prix moyen des fumiers d'une ferme de notre arrondissement, nous verrons après chaque compte, s'il y a lieu de faire des modifications, soit dans le prix des denrées données en aliments, soit dans le prix des produits obtenus pour avoir véritablement la moyenne du prix des divers fumiers.

Nous allons commencer par les bêtes de rente qui ne produisent aucun travail, c'est-à-dire par les vaches, les moutons et les porcs.

FERME DU CHATEAU DE FERRIÈRES

Compte de Vacherie

24 VACHES.

Au 30 juin 1878 : 24 vaches, estimées........ 18.500 fr.
    —   mobilier de la vacherie, estimé 300 fr.

DÉPENSES.

Consommation :

3,046 bottes à 5 kilogr. de jeune luzerne,
    à 28 fr. le cent ....   852 fr. 88

          A reporter..........   852 fr. 88

Report.........	852 fr.	88
5,134 bottes à 5 kilog. de regain de luzerne, à 25 fr. le cent..................	1.308	55
11,274 bottes à 8 kilogr. de paille d'avoine, à 18 fr. le cent..................	2.029	30
9,000 kilogr. de son, à 15 fr. les 100 kilogr.	1.359	»»
422 kilogr. de tourteau de lin, à 26 fr. les 100 kilogr......................	109	72
166,212 kilogr. de pulpe de distillerie, à 9 fr. les 1,000 kilogr................	1.495	90

Consommé en vert :

4 hectares 22 luzerne et trèfle, à 175 fr. l'hectare.............................	738	50
1 hectare de maïs à faible récolte........	200	»»
4 hectares 22 regain de luzerne et trèfle, à 90 fr. l'hectare	379	80
Pâturage de 3 hectares 50 de prairie, à 150 fr. l'hectare	570	»»
Pâturage de 5 hectares de regain de prairie, à 40 fr. l'hectare......................	200	»»

Main-d'œuvre :

Un vacher...........................	1.300	»»
Un aide vacher	300	»»
Un journalier employé pendant 150 jours à faucher l'herbe et à la conduire à la ferme, à 2 fr. 50 par jour	375	»»
Journées d'un bœuf pour transporter l'herbe.	225	»»
Frais généraux, surveillance du fermier....	200	»»
Traitement du vétérinaire	60	»»
Intérêt à 5 0/0 du capital vivant..........	925	»»
Intérêt et amortissement à 10 0/0 du mobilier.	30	»»
Dépréciation des vaches au 30 juin 1879...	2.400	»»
Total.................	**15.058 fr.**	**65**

RECETTES.

Vente de 56,210 litres de lait, à 0 fr. 20 l'un	11.242 fr.	»»
Vente de 13 veaux au prix moyen de 22 fr.	286	»»
Trois élèves de la ferme, estimés	530	»»
Bénéfice fait sur la vente du taureau	150	»»
375,000 kilogr. de fumier pour balance de compte, à 8 fr. 08 les 1,000 kilogr..........	3.030	65
Total..................	15.058 fr.	65

NOTA. — Il n'a pas été tenu compte dans les recettes de la valeur du purin; à raison de 100 litres par 1,000 kilogr. de fumier produit, cette quantité de purin peut être estimée à 37,500 litres.

Après examen attentif de ce compte, il a été reconnu que les prix indiqués des substances consommées, sont bien les prix moyens.

Il reste à savoir si la valeur des produits représente bien la moyenne qui peut être obtenue dans notre arrondissement, et notamment si la valeur de 0 fr. 20 indiquée pour le litre de lait vendu à la consommation de Ferrières, représente bien la valeur du litre de lait converti en fromage de Brie, puisque notre principale industrie laitière est la fabrication de ce fromage.

L'un de nos collègues, M. Bénard, cultivateur à Coupvray, nous a présenté à ce sujet un compte exact de la valeur du litre de lait converti chez lui en fromage de Brie, se rapportant au produit de 28 vaches.

La valeur du matériel de la laiterie est ainsi établie :

Un appareil thyro-therme pour le maintien d'une température constante dans la chambre d'égouttage.	800 fr.	»»
Douze paniers	120	»»
Cajets, planches, etc........................	200	»»
Moules, seaux..............................	200	»»
Total........................	1.320 fr.	»»

Établissement du compte de la laiterie de Coupvray

DÉPENSES.

Intérêt et amortissement du matériel, à 15 0/0	198 fr.	»»
Frais de présure et de colorant :		
80 litres de présure Delaunay, à 1 fr. 80 fr. ⎱		
2 litres de colorant, à........ 5 fr. 10 fr. ⎰	90	»»
Sel 260 kilogr., à 18 fr. les 100 kilogr......	46	80
Cajets pour emballages....................	200	»»
Charbon pour le thyro-therme.............	30	»»
Main-d'œuvre, une femme pour la laiterie, traitement annuel	600	»»
Consommation de 94,896 litres de lait pour fabriquer 5,931 fromages, à raison de 16 litres par fromage, au prix pour balance de 0 fr. 2019 le litre..................................	19.159	60
Total.....................	20.324 fr.	40

RECETTES.

Vente de 5,531 fromages à Paris..........	18.774 fr.	40
Vente de 400 fromages au détail, à 3 fr. l'un.	1.200	»»
Petit lait consommé par les porcs, 70,000 litres, à 0 fr. 005 l'un................	350	»»
Total....................	20.324 fr.	40

Il résulte de ce compte, que la valeur du litre de lait converti en fromage est de 0 fr. 20 net, et que les frais de fabrication sont d'environ 0 fr. 01 par litre de lait.

S'il était possible d'augmenter la valeur du litre de lait converti en fromage, et de la porter par exemple à 0 fr. 25, le compte de la vacherie de Ferrières indiquerait qu'à ce taux du litre de lait, les dépenses sont équilibrées par les produits, et que le fumier de vache ne coûte rien.

Cette hypothèse peut parfaitement se réaliser dans notre

arrondissement. Lors de la visite des fermes qui a eu lieu cette année pour la prime départementale, l'un des concurrents qui a une certaine réputation pour la vente de ses fromages, a présenté au jury le compte de sa vacherie pendant une année, et il résulte de ce compte que son lait a été vendu en moyenne, convèrti en fromage, à raison de 0 fr. 31 le litre brut, c'est-à-dire 0 fr. 30 net, en comptant, 0 fr. 01 par litre pour la fabrication du fromage. Pour ce cultivateur, le prix de revient du fumier de vache est moins que rien.

Nous allons passer au compte de la bergerie.

FERME DU CHATEAU DE FERRIÈRES
Compte de bergerie
452 A 528 MOUTONS

Au 30 juin 1878. — 452 moutons, estimés...	16.593 fr.	»»
Mobilier et outils de bergerie, estimés.....	2.000	»»

DÉPENSES.

Consommation :

8,891 bottes à 5 kilog, mauvais fourrage, à 18 fr. le cent......................	1.600 fr.	38
1,981 bottes à 5 kilog. bon fourrage, à 30 fr. le cent......................	594	30
25,807 bottes à 8 kilog. mauvaise paille, à 18 fr. le cent....................	4.591	25
6,500 litres de provende (mélange par 1/3 d'avoine, orge et son), à 9 fr. l'hect.	585	»»
4,800 litres de criblure d'avoine, à 2 fr. l'hectolitre....................	96	»»
179,340 kilog. de pulpe de distillerie, à 9 fr. les 1,000 kilog..................	1.614	06
A reporter..........	9.080 fr.	99

2

Report . . . . 9.080 fr. 99

Consommé en vert :

8 hectares de nourriture verte, à 150 fr.
l'hectare.......... .... 1.200 »»

Main-d'œuvre :

Traitement du berger........ ... ... 1.500 »»
Aide berger 120 jours à 3 fr .... 360 »»
Bergère pour garder les agneaux, 120 jours à
1 fr. 50........................ ... 180 »»
Sortie des fumiers de la bergerie.......... 200 »»

Frais généraux :

Intérêt à 5 0/0 du capital vivant 16,593 fr... 829 65
Intérêt et amortissement à 10 0/0 du mobilier
2,000 .... 200 »»
Surveillance du fermier............. ... ... 180 »»

Total................ 13.730 fr. 64

RECETTES.

Au 30 juin 1879 augmentation d'inventaire
de 528 moutons estimés 18,101 fr .... 1.508 fr. »»
Moutons vendus dans le courant de l'année :
36 moutons, à 41 fr. 50........ 1.494 »»
3 béliers.................... 413 »» } 2.165 »»
6 brebis de rebut à 43 fr ...... 258 »»
Vente de 1,426 kilogr. de laine, à 1 fr. 90 le
kilog...................................... 2.709 40
Parcage de 6 hectares 33 ares 15 centiares
de terres, à 190 fr. l'hectare................. 1.202 98
Défourrures retirées devant les moutons
1,850 bottes de 8 kilog., à 0 fr. 10.......... 185 »»
Pour balance de compte 555,535 kilog. de
fumier, à 10 fr. 72 les 1,000 kilog.......... 5.960 26

Total................ 13.730 fr. 64

Dans ce compte de bergerie, les prix des produits sont bien les prix moyens de notre arrondissement.

Depuis l'invasion des laines d'Australie, le prix moyen du kilog. de laine ne dépasse pas 1 fr. 90.

Pour les dépenses, il y a lieu de faire quelques rectifications pour l'établissement du prix moyen que nous cherchons.

L'année 1878, a été une année exceptionnelle, où la rentrée des récoltes a été difficile; en admettant que l'on donne surtout aux moutons les récoltes défectueuses qu'il est impossible de vendre, dans une année ordinaire, il sera difficile pour une ferme de l'importance de celle de Ferrières, de trouver à la fois et 8,891 bottes à 5 kilog. de mauvais foin, et 25,807 bottes à 8 kilog. de mauvaise paille. Et comme il faut toujours de la paille comme litière, qu'elle soit bonne ou mauvaise, on peut admettre en année moyenne les 8,891 bottes de mauvais foin indiqué, mais compter en bonne paille les 25,807 bottes de 8 kilog., ce qui en doublera le prix, et fera une augmentation de dépenses d'environ 4,500 fr.

Cette augmentation de dépenses répartie sur les 555,535 kil. de fumier produit, augmentera le prix du fumier de 8 fr. les 1,000 kilog. et le portera à 18 fr. 72 les 1,000 kilog.

FERME DU CHATEAU DE FERRIÈRES
Compte de porcherie

2 A 10 PORCS

DÉPENSES.

Consommation :

29 quintaux 20 kilos, orge cassée, à 19 fr. les 100 kilos	554 fr. 80
10 hectolitres de pommes de terre de rebut, à 3 fr. 50 l'hectolitre................................	35 »»
A reporter..........	589 fr. 80

Report............ .. 589 fr. 80

500 bottes de défourrures et de paille de seigle, ayant servi de couverture aux meules, du poids de 7 kilog. 1/2 chacune, à 10 fr. le cent.. 50 »»

Main d'œuvre :

Temps payé pour donner la nourriture et nettoyer les porcs............................... 60 »»

Frais généraux :

Inventaire au 30 juin 1878, 4 porcs estimés. 300 »»

Achat de 6 porcs dans le courant de l'année. 562 »»

Intérêt du capital pour un roulement moyen de 400 fr. à 5 0/0............................. 20 »»

Usure du matériel de la porcherie........... 6 »»

Total................ 1.587 fr. 80

RECETTES.

Tué pour la consommation de la ferme : 8 porcs, du poids moyen de 105 kilog. de viande, ensemble 840 kilogr., à 1 fr. 50 le kilogr..... 1.260 fr. »»

Inventaire au 30 juin 1879, 2 porcs estimés. 150 »»

Pour balance de compte, 20,000 kilogr. de fumier, à 8 fr. 89 les 1,000 kilogr........... 177 »»

Total................ 1.587 fr 80

Dans nos fermes ordinaires où l'on fabrique le fromage de Brie, la dépense de nourriture pourrait être diminuée par l'emploi du petit lait, résidu de la fabrication des fromages qui n'a pas grande valeur, soit pour l'engraissement, soit pour l'élevage des porcs, et l'on peut en déduire que ce prix de 8 fr. 89 les 1,000 kilog. pour le fumier de porc, est un maximum qui ne doit pas être atteint.

Pour les animaux dont le travail est un produit, tels que les chevaux et les bœufs, l'établissement du prix de revient du fumier présente certaines difficultés, parce que c'est un problème à deux inconnues : 1º Le prix de la journée de travail ; 2º Le prix du fumier. Pour le résoudre, il faut donner une valeur à l'une des inconnues, et comme nous recherchons le prix du fumier, il faut trouver préalablement la valeur de la journée de travail. On peut la déduire du prix moyen d'un ouvrage de culture, par exemple, du labourage d'un hectare de terre.

Le labourage d'un hectare de terre à 0 m. 18 de profondeur se paie généralement 42 fr.

Dans cette dépense de 42 fr., l'on peut compter 2 fr. pour intérêt et usure de la charrue, et 5 fr. pour le bénéfice du laboureur à façon, de sorte qu'il reste 35 fr. pour le travail des animaux.

Or, de l'ensemble des labours effectués à Ferrières, il résulte que le labourage d'un hectare exige 7 journées de chevaux ou 14 journées de bœufs.

Ce que M. Pelletier appelle des journées de bœufs, ce sont plutôt des demi-journées ; car il estime qu'un bœuf travaillant une demi-journée doit être remplacé par un autre pour terminer la journée, de sorte que 14 bœufs se relayant de cette façon, font autant d'ouvrage que 7 chevaux.

Il résulte de ces chiffres que le prix de la journée du cheval est de $\frac{35}{7}$ ou de 5 fr., et que le prix de ce qu'il appelle la journée d'un bœuf est de $\frac{35}{14}$ ou de 2 fr. 50. Ces bases établies pour la valeur du travail, les comptes suivants indiquent les prix de revient du fumier pour ces deux catégories d'animaux.

FERME DU CHATEAU DE FERRIÈRES
Compte de chevaux

14 CHEVAUX

Capital vivant	13.900 fr.	»»
Mobilier d'écurie	2.000	»»

DÉPENSES.

Consommation :

82,855 litres d'avoine, à 10 fr. l'hectolitre	8.285 fr	»»
5,100 kilog. de son, à 15 fr. les 100 kilogr.	765	»»
7,700 bottes de luzerne à 5 kilogr., à 35 fr. le cent	2.695	»»
3,300 bottes à 5 kilogr. de paille de blé, à 25 fr. le cent	825	»»
9,450 kilogr. fourrage vert, à 2 fr. les 100 kil.	189	»»
3,650 bottes de paille de défourrure, à 10 fr. le cent	365	»»

Main-d'œuvre :

Traitement de 4 charretiers à 1,200 fr. l'un.	4.800	»»
Traitement d'un homme soignant le cheval de cabriolet et le cheval de bricole	600	»»

Frais généraux :

Perte sur le capital vivant au bout de l'année, 14 0/0.	1.946	»»
Intérêt du capital vivant à 5 0/0.	695	»»
Ferrage de 14 chevaux pendant un an, à raison de 48 fr. par cheval	672	»»
Entretien des harnais, à raison de 45 fr. par cheval et par an	630	»»
Intérêt et amortissement du capital d'écurie, 2,000 fr. à 10 0/0.	200	»»
Achat d'étrilles, brosses, éponges, tonte de chevaux et déplacement du fermier pour achat de chevaux	100	»»
Traitement du vétérinaire	150	»»
Total	**22.917**	»»

RECETTES.

4,060 journées de travail, à raison de 290 journées par cheval et par an, à 5 fr.... 20.300 fr. »»
156,950 kilos de fumier pour balance à 16 fr. 67
les 1,000 kilog.................... 2.617 »»

Total................ 22.917 »»

FERME DU CHATEAU DE FERRIÈRES

Compte de bœufs

12 BŒUFS

Capital vivant........................ 11.985 fr. »»
Matériel :
Jougs, courroies, chapeaux.............. 240 »»

DÉPENSES.

Consommation :

6,500 bottes de foin, de 5 kil., à 25 fr. le cent. 1.625 fr. »»
157,950 kilos de pulpes de distillerie, à 9 fr.
les 1,000 kilos...................... 1.421 55
21 quintaux 77 kilos de tourteau de lin, à
26 fr. les 100 kilos................... 566 02
500 kilos orge moulue, à 18 fr. les 100 kilos.. 90 »»
4,380 kilos paille d'avoine à 8 kilos, à 15 fr.
le cent............................ 657 »»

Consommé en vert :

9 hectares 50 fourrage vert (luzerne), à
175 fr. l'hectare..................... 437 50
3 hectares de regain de luzerne, à 90 fr.
l'hectare........................... 270 »»
Paturage pour bœufs à l'engrais.......... 150 »»

A reporter............ 5.217 fr. 07

Report.......... 5.217 fr. 07

Main-d'œuvre :

Traitement de 2 bouviers, à 1,200 fr. l'un par an........................... 2.400 »»

120 journées d'hommes employées pour fauchage et transport de l'herbe à la ferme, à 3 fr. par jour........................... 360 »»

Frais généraux :

Intérêt du capital vivant 11,985 fr., à 5 0/0. 599 25
Entretien des jougs, chapeaux, courroies... 120 »»
Intérêt du matériel 240 fr. à 5 0/0.......... 12 »»
Frais de ferrure................. 250 »»
Traitement du vétérinaire............ 30 »»

Total................ 8.988 32

RECETTES.

3,360 journées de travail, à raison de 280 par bœuf et par an à 2 fr. 50............ 8.400 fr. »»
237,250 kilos de fumier pour balance, à raison de 2 fr. 48 les 1,000 kilogr......... 588 32

Total............ 8.988 fr. 32

Nota. — La valeur du troupeau est la même au commencement et à la fin de l'année.

Dans ces deux comptes pour les animaux de travail, chevaux et bœufs, les nourritures sont bien estimées au prix moyen et la valeur du travail est estimée d'une manière rationnelle ; il en résulte que le prix de revient du fumier trouvé par ces deux catégories d'animaux, représente bien la moyenne de ces prix de revient pour notre arrondissement.

M. Gassend, directeur de la Station Agronomique de Seine-et-Marne, a eu la complaisance d'analyser ces divers fumiers de la ferme de Ferrières.

Voici les résultats de ces analyses.

pour 100 kilos de fumier :

	DE VACHE	DE MOUTON	DE PORC	DE CHEVAL	DE BŒUF
Eau.........	83.609	71.000	80.570	73.040	89.202
Azote.......	0.199	0.648	0.711	0.469	0.316
Acide phos-phorique..	0.107	0.162	0.187	0.162	0.198
Potasse.....	0.272	0.587	1.859	0.472	0.304

De tous ces comptes, il résulte qu'à la ferme de Ferrières, les prix des fumiers pris dans la cour sont ainsi établis :

375.000 kilog. de fumier de vache à 8 fr. 08
les 1,000 kilog., coûtent . . . . 3.030 fr. 65
555,535 kilog. de fumier de mouton à 10 fr.
72 les 1,000 kilog., coûtent. . . 5.960 26
20.000 kilog. de fumier de porc à 8 fr. 89
les 1,000 kilog., coûtent 177 80
156.950 kilog. de fumier de cheval à 16 fr. 67
les 1,000 kilog., coûtent. . . . 2.617 »»
237.250 kilog. de fumier de bœuf à 2 fr. 48
les 1,000 kilog., coûtent. 588 32

1.344.735 kilog.

De sorte que la totalité du fumier coûte. . . 12.374 fr. 03

et que le prix moyen de 1,000 kilog.
est de $\dfrac{12{,}374 \text{ fr. } 03}{1{,}344{,}735}$ ou de 9 fr. 20

Si l'on apporte dans ce résultat la rectification indiquée dans le compte des moutons, de laquelle il résulte que ce fumier revient dans une année moyenne à 18 fr. 72 les 1,000 kilog., on a 4,500 fr. de plus en totalité, on arrivera à :

1,344,735 kilog., de fumier coûtant 16,874 fr. 03, c'est-à-dire au prix de 12 fr. 54.

Mais pour avoir le prix du fumier répandu sur les terres, il y a lieu d'ajouter à ce chiffre le chargement, le transport et l'épandage.

Le chargement coûte. . . . . 0 fr. 20 les 1,000 kilos.
Le transport à une distance
moyenne de 1,500 à 1,800 mètres . . 0   77   —
L'épandage. 0   15   —

Total. . . . . 1 fr. 12 les 1,000 kilos.

Avec l'ensemble des animaux d'une ferme dans la même proportion de chaque sorte qu'à Ferrières, le fumier revient donc à un taux plus élevé que le chiffre indiqué dans notre tableau de revient du blé, puisque le prix de ce fumier est de 13 fr. 66 au lieu de 11 fr. les 1,000 kilos.

Mais l'on reconnaît par les résultats obtenus pour le fumier de chaque sorte, qu'il y a de grands écarts entre les prix des divers fumiers : ceux de vache, de porc et de bœuf, coûtent bien moins cher que les fumiers de mouton et de cheval. Il est donc possible de diminuer le prix des fumiers, en s'attachant aux espèces d'animaux, qui peuvent le produire à meilleur marché.

Par exemple, modifions les animaux de la ferme de Ferrières. Laissant la porcherie telle qu'elle est, au lieu d'avoir 24 vaches, 500 moutons, 14 chevaux et 12 bœufs, ce qui fait un total de 100 têtes de gros bétail en comptant, comme c'est l'usage, 10 moutons pour une tête de gros bétail, on pourrait avoir le même compte en remplaçant les 14 chevaux par 28 bœufs pour obtenir le même travail, ce qui ferait une totalité de 40 bœufs, et complétons les 100 têtes en ayant 60 vaches au lieu de 24.

De cette façon l'on supprimerait les moutons et les chevaux.

D'après les chiffres ci-dessus indiqués, on peut établir quel serait le prix du fumier avec cette nouvelle combinaison d'animaux.

Les 24 vaches produisant annuellement 375,000 kilog. de fumier, chaque vache produit $\frac{375,000}{24}$ ou 15,625 kilog.

Les 12 bœufs produisant annuellement 237,250 kilog. de fumier, chaque bœuf produit $\frac{237,250}{12}$ ou 19,770 kilog.

Les 60 vaches donneraient	937,500 kil. à 8 fr. 08	7,575 fr. »»
Les 40 bœufs —	790,800 — à 2 48	1,961 18
Ajoutant la porcherie ...	20,000 — à 8 89	177 80
On obtiendrait un total de 1,748,300 kil	pour	9,713 fr 98

Le prix des 1,000 kilog. de fumier serait alors de $\frac{9,713\ 98}{1,748\ 300}$ ou de. . . . . 5 fr. 55

En ajoutant à ce chiffre pour frais de chargement transport et épandage. 1 12

On arriverait au total de . . . . 6 fr. 67

pour le prix du fumier répandu dans les terres.

C'est-à-dire qu'il coûterait 4 fr. 33 de moins par 1,000 kilog., que le prix de 11 fr. indiqué dans le calcul du prix de revient du blé pour notre arrondissement.

Il est vrai, que le fumier ainsi produit, serait moins azoté, mais cela n'aurait pas d'inconvénient, car la nourriture d'un bétail composé de bœufs et de vaches, exigerait un assolement composé d'une plus grande partie de prairies artificielles qui laissent naturellement de l'azote dans le sol.

Loin de moi cependant la pensée de proscrire absolument de la ferme et le cheval et le mouton.

Il peut y avoir quelquefois nécessité d'employer le cheval pour effectuer plus rapidement des transports ; mais alors le travail obtenu a une plus grande valeur, et par cela même, le prix de revient du fumier de cheval diminue.

Pour utiliser certaines récoltes défectueuses, ou d'autres qui ne valent pas la peine d'être fauchées, on peut se servir du mouton ; mais dans ce cas, la valeur de la consommation est bien réduite, et par cela même, le prix de revient du fumier de mouton est bien moindre.

Il résulte des chiffres ci-dessus indiqués, que par l'assolement plus étendu des récoltes fourragères pour l'alimentation des vaches et des bœufs dont nous devons augmenter le troupeau le plus possible, nous pouvons diminuer de 4 fr. 33 par 1,000 kilog. le prix du fumier porté à 11 fr. par M. Buignet.

Et comme nous avons établi précédemment qu'il suffisait de pouvoir le réduire de 2 fr. 50, pour produire chez nous le blé au même prix que peut revenir le blé américain d'une récolte moyenne rendu chez nous, il nous est donc possible de lutter avec l'Amérique, lorsqu'il y a des récoltes moyennes de part et d'autre, en nous attachant surtout à l'emploi des bœufs et des vaches et à la fabrication du fromage de Brie.

D'autres contrées en France peuvent rechercher par la même étude, par quels moyens, elles peuvent obtenir le fumier aux meilleures conditions ; ailleurs, ce peut être l'élevage ou l'engraissement de certains animaux qui peut amener ce résultat.

Dans les portions de notre arrondissement à proximité de Paris, il peut y avoir avantage d'avoir le moins possible d'animaux, et d'acheter le fumier au prix d'environ 10 fr. les 1,000 kilogr. rendus.

La plus-value qu'on obtient dans ce cas pour la vente des pailles et des fourrages peut être une large compensation.

Mais s'il nous est possible de lutter avec l'Amérique lorsqu'il y a des récoltes moyennes de part et d'autre, il n'en est plus de même lorsque notre récolte est inférieure et que celle de l'Amérique est supérieure. Tel a été surtout le cas de nos cultivateurs dans les années 1878 et 1879.

Par la facilité des transports et des échanges, les conditions de l'agriculture sont complétement modifiées. Autrefois, le bénéfice du cultivateur était plus certain. Si la récolte était mauvaise, les substances récoltées se vendaient plus cher et le produit de l'hectare était sensiblement toujours le même. Aujourd'hui, nous pouvons avoir une mauvaise récolte et vendre bon marché, si nos voisins d'au-delà de l'Atlantique en ont une bonne. Dans ce cas, le cultivateur ne rentre pas dans ses frais et perd de l'argent après avoir bien travaillé. Cette position précaire éloigne les jeunes gens de l'agriculture. Jusqu'alors, on ne s'est pas assez préoccupé de cette situation nouvelle du producteur agricole de notre pays ; on n'a eu en vue que les intérêts du consommateur et l'on a créé un tarif douanier qui traite l'agriculture d'une façon défavorable par rapport à l'industrie. S'il y a eu pour cela des motifs supérieurs, un intérêt démocratique, l'on doit alors des compensations à la population agricole par des dégrèvements de toute sorte, d'autant plus qu'il y a un intérêt général à ce que la culture de notre sol ne soit pas abandonnée. Le gouvernement semble entrer dans cette voie ; espérons qu'il y persévérera.

Nous devons toutefois reconnaître que notre arrondissement a mieux supporté la crise agricole de ces dernières années que d'autres contrées voisines, par exemple l'arrondissement de Château-Thierry, où un certain nombre de fermes ont été abandonnées par les locataires.

Cela tient surtout à ce que chez nous, la base de la culture est la vache produisant le fromage de Brie, tandis que chez nos voisins de Château-Thierry la base de la culture est le mouton. Ce fait confirme l'exactitude des conclusions que nous tirons de l'étude des prix de revient des fumiers de chaque sorte.

Mais l'on peut nous faire une objection. N'y a-t-il pas danger à provoquer l'extension de la production du fromage de Brie ; ne peut-on pas avoir la crainte d'en déprécier la valeur si l'on en produit davantage ?

Les tableaux suivants des importations et des exportations de fromage pour la France répondent à cette objection :

IMPORTATION

Années	Fromages à pâte molle		Autres fromages		Totalité des fromages de toutes sortes	
	Quantités kilogr.	Valeurs kilogr.	Quantités kilogr.	Valeurs francs	Quantités kilogr.	Valeurs francs
1877	1.245.778	1.868.667	10.143.804	16.737.277	11.389.582	18.605.944
1878	1.379.809	2.000.723	11.852.399	17.778.599	13.232.208	19.779.322
1879	1.871.929	2.714.297	13.953.166	20.929.749	15.825.095	23.644.046
1880	2.335.422	3.503.133	13.455.066	21.528.106	15.790.488	25.031.239

EXPORTATION

Années	Fromages à pâte molle		Autres fromages		Totalité des fromages de toutes sortes	
1877	1.515.697	2.273.546	2.347.129	3.872.763	3.862.826	6.136.639
1878	1.797.287	2.606.066	2.510.427	3.765.641	4.307.714	6.913.780
1879	1.454.997	2.109.746	2.410.098	3.6'5.147	3.86'.095	5.974.841
1880	1.663.537	2.661.659	2.603.760	4.686.768	4.267.297	7.348.427

Il résulte de ces tableaux, que nous sommes loin de produire le fromage nécessaire à notre consommation, puisque l'importation totale est bien supérieure à l'exportation, et que la balance en faveur de l'importation s'accroit d'année en année.

Si nous ne considérons que les fromages à pâte molle, dont font partie nos fromages de Brie, nous pouvons reconnaître que si en 1877 et 1878, l'exportation était supérieure à l'importation, c'est le contraire pour les années 1879 et 1880 et que par suite, même pour ces fromages dont le transport est plus difficile, l'étranger a pris une partie de notre place dans la consommation française.

Mais pour augmenter sans inconvénient notre quantité de vaches et notre fabrication de fromages, l'essentiel est d'améliorer notre qualité de produits, et de livrer à la consommation des fromages de bonne qualité et d'un transport facile.

Dans un rapport remarquable qu'a fait cette année M. Arthur Brandin sur la visite des fermes de notre arrondissement, nous avons pu remarquer qu'en étudiant notre fabrication de fromages de Brie, il nous reprochait de ne pas avoir de données scientifiques suffisantes dans cette industrie et de laisser trop de place au hasard.

Déjà la Société d'agriculture de Meaux s'est occupée de cette question ; notre collègue, M. Bénard de Coupvray, l'a déjà élucidée dans un rapport digne d'éloges ; mais nous ne sommes pas encore arrivés à la solution recherchée de pouvoir toujours produire des fromages de bonne qualité, toujours régulière, malgré toutes les variations de température et d'humidité.

Je proposerai donc à la Société d'agriculture de Meaux de vouloir bien provoquer des études expérimentales et scientifiques sur les différentes phases de la fabrication du fromage de Brie.

Telle est la conclusion de cette étude sur le prix de revient des divers fumiers. Car si nous parvenons à augmenter d'une manière certaine la qualité de nos fromages, le prix du litre de lait sera plus cher, le fumier en ressortira à meilleur compte et tout en mettant dans nos terres l'engrais qui est nécessaire, nous soutiendrons plus facilement la lutte avec des concurrents qui n'ont pas besoin d'engrais pour récolter.

E. GATELLIER.

Ce travail a été soumis à la Société nationale d'Agriculture. M. Lecouteux, professeur à l'Institut national agronomique, directeur du *Journal d'Agriculture pratique*, en a fait un rapport sous le titre : « Les blés d'Amérique et les blés de Seine-et-Marne. » Il a lu ce rapport à la séance du 19 avril 1882 de la Société nationale d'Agriculture.

LES BLÉS D'AMÉRIQUE

ET LES

BLÉS DE SEINE-ET-MARNE

Parmi les Sociétés d'agriculture qui se sont le plus vaillamment consacrées à la recherche des moyens de remédier à nos crises agricoles, une des premières places revient de droit à la Société d'agriculture, sciences et arts de Meaux. Et parmi les études de haute actualité qui sont résultées de cet esprit de recherches, il faut signaler, comme l'une de celles qui ont le plus de titres aux méditations de l'économie rurale contemporaine, l'étude que vient de nous présenter M. Gatellier, vice-président de cette Société de Meaux, où théoriciens et praticiens rivalisent à qui mieux mieux, pour élever l'exploitation du sol au rang d'industrie vivifiée par l'application de la science. Le mémoire de M. Gatellier *sur le prix de revient des fumiers*, a été renvoyé à notre section de grande culture, et c'est au nom de cette section que j'ai l'honneur de vous en rendre compte.

Le fumier est un capital.

M. Gatellier n'appartient pas à cette école qui pousse l'amour des simplifications en matière de comptabilité agricole, jusqu'à éliminer les fumiers de ferme des comptes de culture. Justement préoccupé des moyens de faire bonne contenance devant la concurrence des agricultures étrangères, qui opèrent sur des terres assez fertiles pour n'avoir pas besoin d'autres engrais que les engrais naturels plus ou moins gratuits. M. Gatellier regarde, au contraire, le fumier de ferme comme le principal complément de nos sols, comme le premier des capitaux agricoles, comme le grand facteur de l'abaissement du prix de revient de toutes nos récoltes. Non pas que le fumier doive être considéré comme un moyen de fertilisation exclusif. On n'aime plus aujourd'hui ces doctrines systématiques, pas plus pour le fumier que pour les engrais chimiques, car la doctrine économique ne voit, dans les engrais, que des valeurs dont l'agriculteur doit tirer parti, non à raison de leur origine, mais à raison de leur effet utile comparé à leur valeur commerciale. Et il est de fait que, surtout depuis les derniers progrès de la zootechnie, le fumier de ferme, de mieux en mieux recueilli et conditionné, paraît appelé à devenir le capital par excellence, celui dont la multiplication fera celle des autres capitaux agricoles. La chimie a parlé. Il n'est pas de cultivateur instruit qui, renonçant à estimer les fumiers et autres engrais à leur poids brut, ne pose constamment ces questions : A quel prix puis-je me procurer l'azote, les phosphates et la potasse ? Où trouverai-je au meilleur marché ces substances qui sont regardées comme les éléments dont la quantité et la qualité doivent constituer la valeur commerciale des engrais ? Dois-je m'adresser au fumier de ferme ou aux engrais chimiques, et s'il y a intérêt à employer les uns et les autres, dans quelles proportions faut-il les combiner au double point de vue de l'alimentation souterraine des récoltes et de l'action physique sur le sol ?

Evidemment, lorsqu'une agriculture comprend ainsi la question si complexe des engrais, lorsqu'elle s'incline ainsi devant les conquêtes de la science, ce n'est pas le moment de contester au fumier de ferme le titre de capital agricole : c'est, au contraire, le moment de l'admettre dans les inventaires où se résument toutes les valeurs engagées dans l'exploitation du sol, alors surtout qu'il s'agit de sols fumés au maximum en vue de récoltes maxima; c'est au contraire le moment, après l'avoir classé parmi les capitaux les plus indispensables, de le comparer sans cesse aux autres engrais qui ont pris position sur notre marché. Il en est à cet égard de l'agriculture comme des autres industries: le succès financier n'est possible pour toutes, que par l'incessante comparaison des valeurs engagées et des valeurs réalisées.

Le prix de revient du fumier au poids brut.

Mais comment fixer la valeur du fumier de ferme?

M. Gatellier s'est placé sur le terrain des prix de revient, et il a adopté pour unité le quintal métrique du fumier brut, sans égard pour la composition chimique, si variable soit elle. Il a porté au débit du bétail : 1° la répartition des frais généraux, 2° les frais de personnel spécial, 3° les frais d'intérêt et d'amortissement, 4° les frais de nourriture et litière évalués au prix du marché local, déduction faite des frais de charroi au lieu de vente. Et comme en créditant le bétail de toutes les valeurs produites sous forme de lait, viande, laine, travail, il a constamment trouvé un excédent de frais sur les produits, il a dû balancer ses comptes de bétail par une contre-valeur qui n'est autre, dans ce système de comptabilité, que le prix de revient des fumiers. Voilà comment, sur la pente de ces idées, M. Gatellier, prenant ses chiffres dans l'excellente comptabilité de la ferme de Ferrières, propriété de M. le baron de Rothschild, régie par M. Pelletier, nous apprend que le quintal métrique de fumier pesé à son état normal d'humidité revenait au prix de :

0 fr. 80 pour les vaches laitières ;
1 fr. 87 pour les moutons ;
0 fr. 88 pour les porcs ;
1 fr. 60 pour les chevaux ;
0 fr. 24 pour les bœufs de travail.

Soit un prix moyen de 9 fr. 20 les 1,000 kilos, qui s'élevait à près de 11 fr., lorsqu'on y ajoutait les frais de chargement, de charroi et d'épandage sur champ.

Le blé américain à 23 fr. 60 le quintal.

Partant de ce prix de 11 fr., prix de 1,000 kilos de fumier de ferme, M. Gatellier présente un compte de culture de blé où, moyennant une avance totale de 634 fr. par hectare, dans laquelle les engrais imputés au blé figurent pour une somme de

250 fr., on obtient une récolte de 24 hectolitres de grain et de 3,000 kilos de paille; et comme la valeur de la paille est de 150 fr., M. Gatellier déduit 150 fr. de la somme de 634, de sorte qu'il reste en présence d'un total de 484 fr. à répartir sur la récolte de 24 hectolitres du poids de 75 kilos l'un, c'est-à-dire sur une récolte totale de 18 quintaux de grain par hectare, soit donc, notons bien ceci, un prix de revient de 26 fr. 90 par quintal de grain.

Quel est maintenant le prix du quintal de blé américain rendu au Havre?

Après renseignements pris à bonne source, il est de 23 fr. 60, droits d'entrée et frais de transports compris.

On a donc :

Prix du quintal de blé français,............. 26 fr. 90
Prix du quintal de blé américain............ 23 — 60

Ecart en faveur du blé américain............. 3 fr. 30

Comment réduire de 3 fr. 30 le prix de revient du quintal de blé dans une culture qui produit 24 hectolitres ou 18 quintaux à l'hectare? Comment, en d'autres termes, diminuer de 59 fr. 40 (3.30 × 18 = 59.40) les frais de production de chaque hectare de blé français, dans les conditions de loyer, d'impôt, de labours, de fumure, de semence, de rendement, de prix, indiqués par M. Gatellier?

Influence du prix du fumier.

De toutes les réformes visant à produire le blé français à 23 fr. 60 le quintal métrique, c'est-à-dire au prix américain, M. Gatellier croit avec raison, que la plus efficace serait celle qui consisterait à obtenir le fumier à 6 fr. 67 les 1,000 kilos, au lieu de 11 fr. On aurait ainsi une économie de 4 fr. 33 par 1,000 kilos de fumier, c'est-à-dire de 64 fr. 95 pour les 15,000 kilos de fumier attribués, par hectare, au compte blé, puisque ce compte prend en charge le tiers d'une fumure totale de 45,000 kilos. En cet état de choses, l'égalité serait plus que rétablie à notre profit. L'agriculture de l'arrondissemen de

Meaux, dans sa lutte contre les Etats-Unis, était en retard d'une somme de 59 fr. 40. Il est évident qu'une économie de 64 fr. 95 sur ses frais de culture par hectare, la mettrait en avance, surtout si, à ses engrais à prix réduit, elle ajoutait, conformément aux indications de M. Gatellier, des réductions sur le prix du travail, en même temps qu'elle accroîtrait sa production de plantes fourragères à grande absorption des matières azotées atmosphériques.

L'influence du bétail sur notre production de blé et autres récoltes s'affirme ici d'une manière si éclatante, que notre Société, Messieurs, ne saurait trop envisager sous toutes ses faces cet ensemble harmonique qui solidarise heureusement notre prospérité agricole et notre prospérité zootechnique. Pour M. Gatellier, le bétail est, dans toute la force du terme, une machine à fumier, un instrument au service de la culture, un producteur dont les comptes se soldent par le prix plus ou moins élevé d'un seul produit, le fumier. En conséquence, le fumier peut être produit gratuitement lorsqu'il provient d'animaux dont les produits en viande, travail, laine, laitage, etc., couvrent les frais de production. Il peut même, par exception, être produit avec bénéfice. La vérité la plus générale, c'est qu'il coûte quelque chose, c'est qu'il est plus ou moins cher.

Il y a fumier et fumier

Mais qu'est-ce que le fumier de ferme, sinon un engrais dont la composition chimique et les propriétés physiques varient à l'infini ? Et s'il y a fumier et fumier, suffit-il de l'apprécier au poids brut pour connaître le véritable prix de revient de ses éléments les plus utiles, les plus recherchés : l'azote, l'acide phosphorique, la potasse,

M. Gatellier a consulté la chimie. La chimie lui a répondu par l'organe de M. Gassend, directeur de la station agronomique de Seine-et-Marne, que les divers fumiers provenant de la ferme de Ferrières, fumiers qui ont servi de base aux études de M. Gatellier, avaient la teneur ci-après :

POUR 100 KILOS DE FUMIER

	De vache.	De mouton.	De porc.	De cheval.	De bœuf.
Eau.................	83.609	71.000	80.570	73.040	83.202
Azote	0.199	0.648	0.711	0.469	0.316
Acide phosphorique..	0.107	0.162	0.187	0.162	0.198
Potasse.............	0.272	0.587	1.859	0.472	0.304

Cette analyse de M. Gassend est significative à plus d'un titre. Elle l'est surtout quand on la rapproche des prix de revient de M. Gatellier, qui ne s'appliquent qu'au poids brut des fumiers comparés entre eux, abstraction faite de leur teneur chimique. Avec M. Gatellier, il faut placer les fumiers de bœuf et de vache aux premiers rangs, parce qu'ils ne reviennent qu'à 0 fr. 24 et 0 fr. 80 le quintal brut, contre les fumiers de chevaux et de moutons, dont le prix de revient s'élève à 1 fr. 60 et 1 fr. 87. Avec le chimiste, il faut modifier l'ordre de mérite qui, fondé sur la teneur azotée, fait arriver au premier rang les fumiers de porc, puis de mouton, puis de cheval, et relègue au dernier plan les fumiers de bœuf et de vache, qui ont un titrage d'azote moins élevé. A plus forte raison, le classement serait-il encore modifié si, au lieu de ne tenir compte que de la matière azotée, on imputait une valeur à l'acide phosphorique et à la potasse, qni figurent, en proportions diverses, dans les engrais. Permettez-moi, Messieurs, de ne pas compliquer la question en faisant intervenir les diverses facultés de plus ou moins grande assimilabilité des substances comparées. Il me tarde d'arriver à cette démonstration : que l'évaluation des fumiers à leur poids brut seulement ne peut conduire l'agriculture qu'à d'illogiques déductions, à de fausses manœuvres.

Haute teneur azotée du fumier de mouton.

Rien n'est plus autorisé que la conclusion de M. Gatellier, tendant à proposer, dans une certaine mesure, la substitution du bœuf au cheval d'attelages sur la ferme de Ferrières.

En est-il de même pour sa proposition de substituer les vaches laitières aux moutons, parce que, dit-il, le quintal de fumier de vache coûte 0 fr. 808, tandis que le fumier de mouton coûte 1 fr, 872 ?

La supériorité de richesse azotée du fumier de mouton, combinée avec l'infériorité du prix de son azote, ne permet pas d'admettre cette proposition. Le mouton donne l'azote à 0 fr. 648 le kilog. et la vache à 2 fr. 653. Il y a là un de ces faits qui prouvent l'importance qu'il faut désormais attacher à l'analyse chimique appliquée aux opérations agricoles. Sans l'analyse, tel cultivateur comptable préférerait les vaches qui livrent un fumier moins cher au quintal brut, sans égard pour la composition chimique. Par l'analyse qui renseigne sur le titrage des engrais, tel autre agriculteur, tenant compte de toutes les valeurs engagées dans le problème, penchera vers la bergerie, qui lui livrera l'azote et les autres matières fertilisantes au meilleur marché.

Fonction économique du bétail dans la production du blé.

Voilà, Messieurs, un premier enseignement qui résulte de l'examen du travail de M. Gatellier, travail dans lequel le bétail est considéré comme une machine à fumier. Or, il est permis de se demander si, dans l'état actuel de la science, un rôle plus élevé, plus complexe, n'est pas assigné aux animaux de la ferme. Plus que jamais on dit à l'agriculture : Si tu veux du blé, fais du bétail, fais du fumier. Plus que jamais, on soutient cette thèse que le fumier, comme source d'azote, d'acide phosphorique, de potasse, peut, en de nombreuses circonstances, l'emporter économiquement sur les engrais chimiques, et que, par conséquent, il est utile qu'en vue d'une baisse générale des matières fertilisantes, une concurrence sérieuse s'engage entre le fumier et les autres engrais. Plus que jamais, l'agriculture, à la recherche de son grand objectif, le profit, invite la science à lui indiquer, par une formule facile à comprendre, de quel côté est le plus grand profit dans les fermes à céréales et fourrages. Est-il du côté du bétail ? Est-il du côté du blé ? Est-il tout au moins dans un certain équilibre entre la production végétale et la production animale ?

Tout l'atteste : il est complétement impossible de répondre à ces immenses questions d'actualité, si un prix commercial n'est tout d'abord assigné au fumier. On comprenait la doctrine des anciens agronomes aux plus grands jours de l'agriculture : par le fumier, rien que par le fumier. Ceux-là n'avaient presque pas le choix. Il fallait du fumier coûte que coûte, en sorte que la question se bornait à choisir entre les fumiers de cheval, de mouton, de bêtes bovines. Aujourd'hui, il y a un marché des engrais commerciaux assez vaste pour qu'il y ait un cours, un prix courant de l'azote, de l'acide phosphorique et de la potasse. De là, possibilité de dire, par comparaison aux engrais commerciaux transportables à grandes distances, ce que vaut tel ou tel élément du fumier de ferme dont l'analyse a déterminé la teneur.

M. Risler, notre confrère, et M. Borel, de Genève, sont depuis longtemps entrés dans cette voie. Et si nous appliquons leur méthode d'estimation, nous trouvons que les fumiers de Ferrières, analysés par M. Gassend, devraient être classés dans l'ordre suivant, eu égard à leur valeur commerciale et locale, l'azote étant coté 2 fr. 50 le kilog., l'acide phosphorique 1 fr. et la potasse 0 fr. 60.

Prix des fumiers comparés aux engrais commerciaux.

Fumier de porc...........	2 fr.	37	les 100 kilos brut.
Fumier de mouton........	2	14	—
Fumier de cheval...........	1	62	—
Fumier de bœuf...........	1	17	—
Fumier de vache...........	0	77	—

Ce ne sont pas là des chiffres absolus, puisque la composition des fumiers est essentiellement variable et que, d'autre part, les prix de leurs principaux éléments constituants sont non moins mobiles. Mais les bases de la méthode sont posées, et l'économie rurale, renseignée par la chimie, possède ainsi des moyens de donner une valeur argent aux fumiers de ferme. Elle peut enfin, et ceci est considérable, prononcer entre le bétail producteur de fumier et les récoltes végétales dont le fumier est la matière première. Il n'est plus question d'avantager le bétail aux dépens des céréales et autres récoltes ou réciproquement. C'étaient là des artifices de comptabilité qui enlevaient à l'agriculture tout caractère de précision financière. Désormais le fumier est un produit à valeur réelle, une valeur qui, pour les divers animaux de la ferme de Ferrières, oscillait entre 7 fr. 70 et 23 fr. 70 les 1,000 kilos.

Evidemment, la situation du bétail, au point de vue des profits, s'améliore par les fumiers ainsi estimés à prix d'argent. Ce résultat est infaillible. Toute la question, c'est de savoir si les cultures peuvent prendre en charge des fumiers à ces prix de plus de 20 fr. la tonne de 1,000 kilos. Si, avec de tels fumiers, les cultures sont en bénéfice, il y aura, par ce fait, une preuve incontestable que les comptes du bétail n'auront pas été favorisés, mais que toutes les valeurs-engrais inscrites à leur crédit étaient des valeurs commerciales, des valeurs-matières réalisées contre espèces sonnantes, des valeurs réelles, non des valeurs fictives. Et dès lors, dans la liquidation générale des comptes, juste répartition sera faite entre les profits ou pertes attribuables à chacun de ces deux grands groupes, le GROUPE RÉCOLTE, le GROUPE BÉTAIL. On saura ce que l'un et l'autre ont absorbé de capitaux et ce que, pour 100, chaque capital a rapporté. Supprimons le fumier dans cette comparaison devenue l'inévitable conséquence d'une situation économique, où l'agriculture ne peut prospérer, en majeure partie, que par la solidarité du bétail et des récoltes, et l'Économie rurale devra se déclarer impuissante à résoudre le plus grand problème de la comptabilité agricole, à savoir, la mise en lumière des mérites financiers de la production végétale et de la production animale.

Il est incontestable que le fumier se vend aujourd'hui moins de 22 fr. les 1,000 kilos sur le marché aux engrais, mais il ne l'est pas moins qu'à ce prix il tient tête aux engrais commerciaux, eu égard aux prix actuels de l'azote, de l'acide phosphorique et de la potasse. Et, fait capital, raison décisive, il est certain que les récoltes de blé à 30 hectolitres par hectare peuvent le payer ce prix là. Au résumé, l'agriculture ne produit pas le fumier pour le vendre en nature. Elle le produit pour le transformer en denrées de vente, et quand, après vente, le fumier rentre sous forme de capital espèces d'une valeur de 22 fr. les 1,000 kilos, c'est qu'il possède bien et dûment cette valeur.

Le fumier et les récoltes maxima.

Notre secrétaire perpétuel, M. Barral, sans avoir prétendu que les rendements de 30 et 40 hectolitres par hectare fussent autre chose que des rendements de fermes arrivées au plus haut point de perfection d'actualité, a cependant posé devant notre agriculture, un objectif qui est de nature à l'encourager dans l'application du principe de la fumure du sol au maximum, comme moyen d'arriver aux récoltes maxima à grand produit net. Je veux parler de son excellente monographie de la ferme de Masny, dirigée par les frères Fiévet, près la ville de Douai. Sur cette ferme, modèle à tant de titres fondés sur le succès de ses moyens d'exploitation, les récoltes de froment oscillent entre 30 et 40 hectolitres, tandis que M. Gatellier, dans son mémoire sur la culture du blé en l'arrondissement de Meaux, ne parle que de 24 hectolitres. Nous savons que sur la ferme de Trappes, près Versailles, M. Dailly père a récolté 40 hectolitres, et que notre confrère actuel, son digne continuateur, a souvent dépassé 30 hectolitres. Il n'est pas nécessaire de multiplier ces citations de chiffres pour établir ce fait que, par l'emploi combiné du fumier et des engrais commerciaux, notre culture intensive doit chercher ses profits sur le blé entre des rendements dont le minimum sera 25 à 30 hectolitres, mais dont le maximum devra se rapprocher de 40. Les rendements de 25 hectolitres ne sont plus, comme autrefois, le dernier mot de la culture du froment. Il faut viser de plus fortes récoltes. C'est là, pour les pays de haute valeur foncière et locative, une condition où de succès ou de revers. Et c'est en cela surtout que la monographie de la ferme de Masny par M. Barral, ne saurait être trop souvent méditée, réserves faites, bien entendu, sur les majorations de salaires et autres frais de culture survenus depuis les vingt années écoulées depuis la publication de ce beau livre d'économie rurale.

A Masny, le fumier n'était coté que 5 et 6 fr. les 1,000 kilos. Et cependant, rectification faite sur les frais de fumure portés à 203 fr. 78, le compte blé se résumerait ainsi, par hectare rendant 35 hectolitres vendus 24 fr. 62 l'un :

COMPTE BLÉ.

Débit.			Crédit.		
Frais.............	816 fr.	40	Grain à 24 fr. 62..	876 fr.	32
Bénéfice..........	224	77	Paille le 0/00 36..	164	95
	1.041	17		1.041	17

Sachant que le capital d'exploitation de Masny était de 1,056 fr. 84 par hectare, on voit que ce capital, tous frais déduits, même les frais de direction et les intérêts à 5 p 100, rapportait, en ce qui concerne le blé, 21 fr. 26 p. 100.

Capital par hectare.....................	1.056 fr.	84
Bénéfice sur le blé.....................	224	77
Soit p. 100 du capital..................	21	26

Ainsi voilà un blé débité de frais de fumure montant à 203 fr. 78 par hectare, parce que cette somme représente la valeur-argent de l'azote, de l'acide phosphorique, de la potasse et de la chaux contenus dans la récolte de grain et de paille. On ne s'arrête pas au contingent de matière azotée fournie, sous telle ou telle forme, par l'atmosphère. On charge l'engrais de tout fournir à lui seul. On sait qu'une partie de l'engrais sera, pour cause de filtration dans le sous-sol, d'entraînement par les eaux courantes de la surface, de dégagement dans l'air, perdue pour la récolte pendante. Donc cette somme de 203 fr. 78, si excessive qu'elle paraisse, c'est, tout bien pesé, un minimum, c'est le moins qu'on puisse imputer à une récolte dont la composition chimique, grain et paille réunis, se traduit par ces chiffres :

Azote..............	58 kil.	75	à 2 fr.	50	146 fr.	87
Acide phosphorique.	31	08	1	»»	31	08
Potasse............	42	38	0	60	25	42
Chaux.............	13	58	0	03	0	41
					203	78

Et dans ces conditions, ce blé débité de 203 fr. 78 de frais de fumure, procure un bénéfice net de 21 fr. 26 p. 100 du capital d'exploitation, montant à plus de 1,000 fr. par hectare.

Tel est, Messieurs, le langage significatif des chiffres du Masny, de 1853 à 1863. Et si, depuis ce moment-là, les frais de culture, notamment les frais de main-d'œuvre, ont beaucoup augmenté; s'il est démontré que, dans certaines années, celle de 1858, le blé n'a rendu que 2,431 litres à 18 fr. 50 l'hectolitre; s'il est certain que la culture intensive la plus perfectionnée n'échappe pas elle-même aux vicissitudes des saisons et des marchés, toujours reste-t-il vrai que, dans notre situation économique, où l'agriculture est soumise à la concurrence universelle tendant à niveler le prix des produits alimentaires dans le monde entier, un principe d'économie rurale reste debout. Et ce principe, c'est que l'engrais est devenu, dans l'Europe occidentale, l'agent le plus énergique de l'abaissement du prix de revient des produits du sol. Et, s'il en est ainsi, si l'agriculture à fumures et à récoltes maxima s'impose aux fermes à céréales, fourrages, plantes industrielles et bestiaux, il n'y a plus à reculer : il faut profiter des indications de la science qui nous apprend ce qu'est le fumier au point de vue chimique ; il faut, profitant de cette indication, déterminer la valeur commerciale du fumier. Impossible sans cela d'assigner la bonne et juste proportion des diverses espèces animales et des diverses espèces végétales dans les systèmes de culture. Impossible d'assigner la bonne et juste proportion suivant laquelle doivent s'équilibrer les fumiers de ferme et les engrais commerciaux. Impossible, enfin, de résoudre le problème que s'est posé la Société d'agriculture de Meaux, et avec elle beaucoup d'agriculteurs d'initiative qui voudraient savoir comment on peut faire à la fois et de l'agriculture par le capital, et du capital par l'agriculture.

E. LECOUTEUX.

En réponse à certaines critiques formulées dans ce rapport, j'ai publié l'étude suivante sur la fumure rationnelle et économique à employer pour la production du blé. E. G.

ETUDE

SUR LA

FUMURE RATIONNELLE & ÉCONOMIQUE

A EMPLOYER POUR LA

PRODUCTION DU BLÉ

M. Lecouteux a fait à la Société nationale d'Agriculture un compte rendu d'une brochure que j'ai publiée sous le titre : *Étude sur le prix de revient des fumiers.*

Je suis très flatté du travail consciencieux qu'il a fait à ce sujet et je le remercie des compliments qu'il a adressés à la Société d'Agriculture de Meaux, dont j'ai été le rapporteur en cette circonstance.

Toutefois, M. Lecouteux me critique de n'avoir tenu compte, dans les prix de revient des divers fumiers, que du prix du quintal métrique du fumier brut, sans avoir égard à sa composition. Il fait ressortir que si, dans l'arrondissement de Meaux, le fumier de vache coûte moins cher que le fumier de mouton, sa valeur basée sur la composition des éléments de fertilité est moins élevée. Cette critique pourrait être juste si je n'avais pas tenu compte, dans ma brochure, des engrais complémentaires qu'il est nécessaire d'additionner. En présence de cette divergence d'appréciation, je me vois forcé de compléter ma pensée par une étude sur la fumure rationnelle et économique à employer pour la production du blé.

Le point de départ de mon étude sur le prix de revient des fumiers est une question de haute actualité : la concurrence pour le prix des céréales entre l'agriculture des Etats de l'ouest de l'Amérique et la nôtre. Je crois avoir suffisamment démontré que, pour lutter avec avantage dans cette concurrence, nous devons chercher à diminuer nos frais de culture, et que la principale réduction à obtenir est la diminution des prix de notre fumure se composant de fumier et d'engrais complémentaires, sans altérer notre production.

De la comparaison que j'ai établie entre le prix de revient du blé dans l'arrondissement de Meaux, d'après M. Buignet, et celui de l'ouest de l'Amérique, il résulte que nous employons en fumier et engrais complémentaire une somme de 230 francs pour obtenir une récolte moyenne de 18 quintaux ou 24 hectolitres de blé à l'hectare, c'est-à-dire en engrais total 12 fr. 77 par quintal de blé, ou 9 fr. 78 par hectolitre.

Pour obtenir le blé au même prix que le blé américain rendu chez nous, c'est-à-dire avec une réduction de 3 fr. 30 par quintal, il faudrait réduire de 60 fr. notre dépense totale d'engrais, c'est-à-dire la porter à 170 fr. au lieu de 230 fr., ce qui correspondait à 9 fr. 44 par quintal de blé ou à 7 fr. 08 par hectolitre.

Dans un rapport très remarquable lu à la dernière session de la Société des agriculteurs de France, M. Joulie conclut que, par l'emploi judicieux des engrais, il est possible de réduire la dépense d'engrais à 6 fr. par hectolitre de blé, et même à 3 fr. par hectolitre, si, dans une culture bien raisonnée, on fait intervenir suffisamment la rotation des prairies naturelles et artificielles.

Si, dans ma brochure, je n'ai pas attaché tant d'importance à la composition chimique des fumiers de ferme, c'est que je n'admets pas l'emploi du fumier sans engrais complémentaires de composition variable, suivant la nature du sol et suivant les récoltes précédentes.

Le fumier de ferme est un engrais essentiellement incomplet, puisqu'il ne contient pas les substances récoltées et exportées de la ferme telles, par exemple, que les grains. Son emploi exclusif ne répond pas à cette loi de restitution aujourd'hui admise, qu'il faut rendre à la terre les éléments minéraux nécessaires contenus dans les récoltes pour ne pas l'épuiser. Il faut donc le compléter par d'autres substances. C'est là une vérité qu'il faudrait faire pénétrer chez tous les cultivateurs.

Si, jusqu'à présent, tous ne sont pas convaincus des inconvénients de l'emploi exclusif du fumier, c'est qu'ils ont fait sans s'en douter, l'apport de l'engrais complémentaire nécessaire par les racines de luzerne qui ramènent au sol les éléments minéraux du sous-sol ; mais alors le sous-sol s'épuise et les luzernes durent de moins en moins longtemps dans la même terre. Il est encore possible de prolonger cette situation de l'emploi exclusif du fumier, sans se douter de ses inconvénients, par la pratique du drainage dans les terrains humides, parce que la racine de luzerne pénètre dans un terrain neuf où elle pourrissait auparavant. C'est alors l'exploitation d'un sous-sol vierge en s'approfondissant, de la même façon que les Américains exploitent un sol vierge en s'étendant.

Cette nécessité de l'addition de l'engrais complémentaire au fumier étant reconnue, nous avons à introduire dans notre sol, tant en fumier qu'en engrais complémentaire, uniquement les éléments nécessaires pour obéir à la loi de restitution et aux lois physiologiques de la végétation sans faire de dépenses inutiles. C'est cet emploi judicieux des matières fertilisantes qui peut nous permettre d'économiser une portion de la dépense d'engrais et de lutter avec l'Amérique.

Mais, pour cela, il faut tenir compte de la nature du sol, des récoltes précédentes et de la récolte à faire.

Dans notre région de la Brie, le sol est composé en grande partie des argiles à meulières formant un plateau traversé par la vallée de la Marne, d'une étendue comparative bien moindre et de composition généralement sablonneuse.

Par des expériences diverses d'engrais analyseurs que j'ai faites à la fois et sur les plateaux et dans la vallée, j'ai trouvé les résultats suivants :

Sur les plateaux, c'est-à-dire sur la plus grande étendue du territoire de notre arrondissement, l'acide phosphorique manque essentiellement, l'azote manque dans une proportion bien moindre, la chaux est nécessaire ; mais elle est généralement restituée par la pratique habituelle du marnage et la potasse ne fait pas défaut dans ce terrain argileux.

Dans la vallée de la Marne, l'azote est le seul élément faisant défaut dans ce terrain sablonneux.

Avec l'usage du marnage dont tous nos cultivateurs reconnaissent la nécessité sur les plateaux, avec l'emploi du fumier restituant toujours une assez grande quantité de potasse dans un sol contenant déjà une suffisante provision de cet élément, il n'y a lieu de se préoccuper dans les engrais complémentaires que de l'acide phosphorique et de l'azote, en tenant compte de la grande quantité de ces deux éléments déjà fournie par le fumier,

En d'autres termes, dans la fumure totale composée de fumier et d'engrais complémentaires, nous n'avons dans notre région à considérer que la restitution d'azote et d'acide phosphorique.

J'admets toutefois que dans d'autres contrées où la nature du sol est différente, il soit nécessaire de faire entrer en ligne de compte la potasse et la chaux.

Dans quelle proportion devons-nous introduire dans nos engrais l'azote et l'acide phosphorique? Cela dépend beaucoup de la nature de la récolte précédente.

Pour économiser le plus possible la dépense d'engrais qui doit être dans notre sol composé d'azote et d'acide phosphorique, nous devons autant que possible éviter la dépense d'azote qui est la plus élevée, et pour cela, nous devons rechercher les moyens qui nous permettent d'introduire l'azote au meilleur marché. Or, le mode le plus économique de fournir l'azote au sol n'est pas de l'apporter par un fumier plus azoté qui coûte plus ou moins cher, mais de le tirer de l'atmosphère gratuitement par la rotation la plus répétée possible dans l'assolement, de plantes légumineuses, telles que luzerne, trèfle ou sainfoin.

L'absorption directe de l'azote de l'air par les plantes, affirmée par M. Georges Ville, a été longtemps controversée ; mais depuis qu'en 1876 M. Berthelot a démontré que, sous l'influence de l'effluve électrique, les matières organiques pouvaient, à la température ordinaire, absorber l'azote libre de l'air ; depuis qu'en 1877 MM. Schlœsing et Muntz ont démontré que la nitrification du sol pouvait se faire par l'intermédiaire d'u ferment animé, depuis que ces expériences ont été confirmée u laboratoire de M. Lawes, à Rothamsted, l'absorption de l'azote de l'air a été moins contestée, et beaucoup de cultivateurs admettent aujourd'hui que les plantes légumi-mineuses non-seulement, n'ont pas besoin d'apport d'azote, parce qu'elles le tirent de l'air soit à l'état direct, soit par l'intermédiaire de nitrates qui se forment naturellement, mais encore qu'elles laissent au sol un excès d'azote après leur dé-frichement.

Sous ce rapport, la Société d'Agriculture de Meaux a fait une expérience concluante. Dans un sol de la vallée de la Marne, excessivement pauvre en azote, elle a créé un champ d'expérience d'après la méthode des engrais analyseurs de M. Georges Ville. Elle avait dans ce champ, dont l'expérimen-tation a duré quatre années, trois séries de récoltes. Elle y a fait succéder des plantes très diverses : du blé, du seigle, des pommes de terre, des carottes, des betteraves, et chaque année elle a reconnu que, dans le carré où l'on supprimait l'azote dans ce terrain. la récolte était à peu près nulle. La troisième année, elle a introduit une récolte de sainfoin et la suppression de l'azote ne s'est pas fait sentir. La quatrième année, dans de l'avoine après sainfoin, la suppression de l'azote a donné une récolte ordinaire, tandis que dans les deux autres séries, après céréales et pommes de terre, la suppres-sion de l'azote a toujours donné une récolte nulle. Ces expé-riences prouvent clairement que, non seulement le sainfoin n'a pas besoin d'azote, mais qu'il en laisse encore dans le sol après son défrichement.

Pour la culture du blé, qui est l'objet de notre étude et dont nous nous préoccupons de diminuer les frais par un emploi plus judicieux des engrais, s'il faut une certaine dose d'azote dans l'engrais total, il n'en faut pas une trop grande propor-tien ; car cela peut présenter de graves inconvénients à cause de la verse et de l'échaudage.

Les blés versent, parce que leur tige n'est pas assez rigide, soit que l'absorption du carbone sous l'influence solaire ne se fasse pas convenablement lorsqu'ils sont trop touffus ou trop ombragés, soit qu'un excès d'azote les fasse pousser sans une consistance suffisante.

Les blés s'échaudent et donnent un grain maigre, parce qu'ils ont, au moment de la maturité, une coloration trop verte due à un excès d'azote.

Pour obtenir un bon blé, il est nécessaire qu'il y ait une proportion convenable entre l'azote et l'acide phosphorique mis à la disposition de cette plante, et l'on peut corriger l'excès d'azote par une addition phosphorique.

Il est reconnu que pour la culture de la betterave à sucre, un effet analogue se produit. Dans un terrain trop azoté la betterave n'est pas riche en sucre, et si l'on additionne du superphosphate, la richesse en sucre augmente.

D'après les analyses d'un blé arrivé à bonne maturité, la proportion entre l'acide phosphorique et l'azote est, d'après M. Joulie, dans la paille et le grain dans le rapport de

$$\frac{1}{2.48} \quad \begin{array}{l}\text{d'acide phosphorique.}\\ \text{d'azote.}\end{array}$$

Mais soit qu'on admette, d'après MM. Georges Ville et Joulie, qu'une certaine portion d'azote est absorbée directement de l'air par la plante, soit, d'après MM. Schloesing et Muntz, que cet azote est tiré de l'air après transformation en nitrates, il n'est pas besoin de fournir au blé comme engrais la proportion d'azote indiquée par l'analyse de la récolte. Si même on lui fournissait cette proportion d'azote, on obtiendrait un blé susceptible de verse ou d'échaudage.

Par l'expérience, il est reconnu que, sur nos plateaux de la Brie, on obtient un très bon blé, mûrissant bien après jachère, sans fumier, avec 4 à 500 kilog. par hectare de phospho-guano Gallet-Lefebvre, dans lequel l'acide phosphorique est à l'azote dans le rapport de $\dfrac{1}{0,2}$

Dans la vallée de la Marne, où le terrain est plus pauvre en azote, il faut dans les mêmes conditions, entre les deux éléments dans l'engrais, la proportion $\dfrac{1}{1}$

Une récolte pleine de blé de 40 hectolitres à l'hectare, enlève dans sa paille et son grain 35 kilog. d'acide phosphorique. Pour obtenir cette récolte pleine, en tenant compte de la déperdition d'engrais pour causes diverses, il faut fournir au sol au-delà de ces 35 kilog. d'acide phosphorique, qu'ils soient contenus dans le umier ou dans l'engrais complémentaire. Mais si, en même temps, on met dans le sol une plus grande quantité d'azote, il faudra corriger cet excès d'azote par un supplément 'acide phosphorique, de façon à réduire la proportion entre ces deux éléments dans le rapport de

$$\frac{1}{1} \quad \text{d'acide phosphorique.} \atop \text{d'azote au maximum.}$$

Autrement, on pourrait craindre les inconvénients déjà cités de verse ou d'échaudage.

Si l'on examine les proportions d'acide phosphorique et d'azote contenues dans les fumiers de diverses sortes analysés par M. Gassend, on trouve les résultats suivants pour des fractions dans lesquelles l'acide phosphorique est au numérateur et l'azote au dénominateur de la fraction.

$$\text{Fumier de vache} \dots \dots \dots \frac{1}{2}$$

$$\text{Fumier de mouton} \dots \dots \frac{1}{4.33}$$

$$\text{Fumier de porc} \dots \dots \dots \frac{1}{3.55}$$

$$\text{Fumier de cheval} \dots \dots \frac{1}{2.8}$$

$$\text{Fumier de bœuf} \dots \dots \dots \frac{1}{1.5}$$

Dans le fumier moyen, d'après les analyses généralement admises, le rapport est de $\frac{1}{2.27}$

La conséquence de ces chiffres est que si l'on emploie directement le fumier sur blé, il faut généralement ajouter, en engrais complémentaire, du superphosphate pour corriger l'excès d'azote, et la dépense est d'autant plus grande en superphosphate que le fumier est plus azoté. Dans ce cas particulier, ce n'est pas le fumier le plus azoté qui a la plus grande valeur, puisqu'il nécessite un surcroît de dépenses.

Avant d'avoir les connaissances que l'on a aujourd'hui sur

les éléments utiles contenus dans les engrais, on savait parfaitement qu'en faisant du blé après une récolte de betteraves
fortement fumée, on obtenait toujours un blé mûrissant bien,
n'étant susceptible.ni de verse ni d'échaudage; c'est que la
récolte de betterave enlève l'excès d'azote nuisible au blé.
Cette récolte enlève même un peu trop d'azote; car dans ce
cas, on est souvent obligé d'employer pour le blé un engrais
complémentaire azoté. Par ce mode d'emploi, le fumier très
azoté n'est qu'avantageux pour la récolte de blé, il l'est peut-
être moins pour la richesse en sucre de la betterave. Dans certaines parties de l'Allemagne, pour obtenir une plus grande
richesse en sucre, on conseille de mettre le fumier sur blé,
avant betteraves; mais alors le blé absorbe, à son détriment,
l'excès d'azote nuisible au développement du sucre.

La méthode de M. Lecouteux de calculer la valeur du fumier
d'après la valeur des éléments de fertilité qu'il contient, est très
simple et très attrayante; elle donne des indications très utiles
mais elle n'est pratique qu'à la condition de ne compter que les
éléments réellement utiles dans le sol où il est enfoui, et d'après
le mode d'emploi qui en est fait. Si je n'ai besoin ni de potasse
ni de chaux dans mon sol, à quoi me sert la valeur de la potasse
et de la chaux contenues dans le fumier? Si j'emploie le fumier
directement sur le blé, à quoi me sert l'excès d'azote qu'il contient, si ce n'est à me faire faire une plus grande dépense d'a-
cide phosphorique? D'un autre côté, est-on bien sûr qu'il n'y
a comme valeur dans le fumier que les quatre éléments : azote,
acide phosphorique, potasse et chaux'?

Parmi les nombreuses expériences d'engrais analyseurs que
j'ai faites, j'en citerai une série que j'ai continuée pendant plusieurs années dans un sol très sableux, à Luzancy, dans la
vallée de la Marne. Là, j'ai ajouté aux divers carrés avec engrais chimiques de composition variable, des carrés avec fumier de ferme. J'ai fait succéder dans ce champ d'expériences
toutes sortes de plantes : blé, seigle, avoine, betteraves,
pommes de terre et luzerne. Dans ce sol sablonneux où l'on
n'a jamais cultivé que du seigle, j'ai obtenu du bon blé avec les
engrais chimiques complets et intensifs, ce que je n'ai pu pro-

duire avec du fumier; mais, d'un autre côté, pour la luzerne, le fumier m'a donné de meilleurs rendements que les engrais chimiques. Comment expliquer ce fait, sinon qu'il y a dans le fumier autre chose que les quatre éléments de fertilité qui sert à la luzerne ? Je poursuis à ce sujet des expériences dont les résultats ne sont pas encore assez concluants pour les publier.

En résumé, pour lutter avec des blés américains, nous devons faire une dépense d'engrais ne dépassant pas 7 francs par hectolitre de blé récolté.

Pour arriver à ce but le moyen le plus économique est de faire le plus de prairies artificielles possible dont on tire parti, soit en les vendant directement, soit en les faisant consommer par des animaux choisis suivant chaque région, de façon à en obtenir le meilleur produit. Pour récolter du bon blé, après trèfl-, sainfoin ou récent défrichement de luzerne, comme il y a dans le sol des substances minérales en quantité suffisante et un excès de matières azotées, il y a lieu de corriger cet excès d'azote par une addition de 500 à 600 kilogr. à l'hectare de superphosphate riche.

En dehors de ce cas particulier, il faut user du fumier et des engrais complémentaires, et en faire l'emploi le plus judicieux possible pour économiser la dépense en cherchant à obtenir la récolte maxima.

Après avoir pris connaissance exacte de son sol par des engrais analyseurs, on verra quels éléments de fertilité y font généralement défaut. On recherchera ensuite, par une étude analogue à celle que j'ai faite, quel est le fumier qui coûte le meilleur marché suivant la valeur du produit que l'on peut tirer des animaux. J'ai trouvé dans la Brie que le fumier le moins coûteux était celui de vache et de bœuf. Ailleurs, en appliquant la même méthode, on peut arriver à d'autres résultats. Il est possible que, dans certaines régions, ce soit le fumier de mouton qui ait un prix de revient inférieur.

Après s'être renseigné sur la nature du sol, sur le coût du fumier le plus économique et son analyse, on verra ce qu'il faut employer d'engrais complémentaire suivant le mode d'emploi du fumier.

Si l'on emploie le fumier directement sur blé, il y a toujours un excès d'azote plus ou moins fort suivant la nature du fumier plus ou moins azoté. Il ne faut alors employer que des matières minérales comme engrais complémentaire. Dans notre Brie, où la potasse ne manque pas et où le marnage se pratique sur une grande échelle, il n'y a lieu d'appliquer pour ce cas, comme engrais complémentaire, que du superphosphate, au minimum 300 kilogrammes par hectare, et en mettre d'autant plus que le fumier est plus azoté.

Si l'on emploie le fumier sur une récolte sarclée avant blé, telle que betteraves ou pommes de terre, comme la plante précédente a pris l'excès d'azote du fumier et peut-être au-delà, il est bon d'ajouter, pour le blé, aux matières minérales nécessaires de l'engrais complémentaire, un engrais azoté plus ou moins riche en raison inverse de la richesse en azote du fumier précédemment employé, par exemple 300 kilog. de superphosphate et 100 à 150 kilog. de sulfate d'ammoniaque à l'hectare.

Dans les circonstances actuelles où notre agriculture est menacée par la concurrence des pays à terre vierge, qui sont aujourd'hui l'Amérique du Nord et l'Australie, qui seront peut-être demain l'Amérique du Sud et l'Afrique, il est urgent que nos cultivateurs ne livrent plus rien au hasard, et qu'ils soient éclairés par les données expérimentales et scientifiques que peuvent leur fournir les hommes de bonne volonté. Je m'estimerais très heureux si mes conclusions pouvaient être discutées et contrôlées, et si la vérité qui ressortira de cette discussion et de ce contrôle pouvait être propagée dans nos campagnes par les professeurs d'agriculture que l'on institue aujourd'hui dans chacun de nos départements.

E. GATELLIER.

M. Lecouteux, dans son *Journal d'Agriculture pratique*, numéro du 20 juillet 1882, m'a répondu par l'article ci-après, intitulé : « La fumure rationnelle du sol. »

FUMURE RATIONNELLE DU SOL

Dans une nouvelle étude que M. Gatellier vient de publier sur la *Fumure rationnelle et économique à employer pour la production du blé,* cet agronome soulève une première question dont je voudrais tout d'abord parler dans le présent article. Cette question a trait à la manière d'estimer le fumier.

I

M. Gatellier se prononce pour le prix de revient du quintal métrique, et je rappelle que, sur la ferme de Ferrières d'où il a tiré ses chiffres, le quintal de fumier, à son état normal d'humidité, revenait :

pour les vaches	à	0.808
pour les chevaux	à	1.667
pour les bœufs	à	0.248
p our les porcs	à	0.889
pour les moutons	à	1.872

En conséquence de ces prix de revient cités dans sa première étude dont j'ai rendu compte à la Société nationale d'agriculture de France, M. Gatellier concluait à la nécessité d'augmenter l'effectif de la vacherie, de réduire le troupeau de moutons, de substituer les bœufs aux chevaux de travail, et enfin, de développer la culture des prairies artificielles légumineuses qui, dans son opinion, importent dans le sol, au profit de toutes les récoltes, une certaine somme d'azote tirée de l'atmosphère, source gratuite.

M'appuyant sur les analyses de M. Gassend, analyses citées par M. Gatellier lui-même, je proposais, comme cela se pratique pour les engrais commerciaux, d'évaluer les fumiers, non au quintal brut, mais à raison de leur composition chimique. C'est dans cet ordre d'idées, que j'évaluais le fumier de Ferrières à 18 fr. 50 la tonne de 1,000 kilos, et que je justifiais ce prix par le prix commercial de ses principales substances, savoir :

		fr.	fr.
5 kilos azote	à 2.50	12.50
3 — acide phosphorique............	à 1.00	3.00
5 — potasse	à 0.60	3.00
Prix de 1,000 kilos, fumier...........		18.50

M. Gatellier était et est encore pour la méthode des prix de revient. Je suis pour la méthode des prix commerciaux, dans toutes les situations de plus en plus nombreuses où l'agriculture a le choix entre les fumiers et les engrais chimiques. J'ajoute sans retard que n'étant pas exclusif, n'étant pas pour l'emploi du fumier seulement, ni pour l'emploi des engrais chimiques seulement, il me paraît que, dans l'état actuel des choses, il y a très souvent avantage à ne plus employer les énormes fumures d'autrefois, de 60 à 80,000 kilos à l'hectare, et à compléter des fumures modérées de 30 à 40,000 kilos, par des engrais à dominantes appropriées aux besoins variables des sols et des récoltes. Mais ne déraillons pas. J'ai soutenu qu'il y a un puissant intérêt d'actualité à estimer les fumiers pour ce qu'ils valent par leur titrage en azote, acide phosphorique potasse et chaux. Laissons de côté la chaux et la potasse dont il n'est pas besoin partout. Ne prenons que l'azote et l'acide phosphorique qui sont généralement plus nécessaires. Cet abandon de la potasse et de la chaux ne changera rien quant aux principes, quant à la méthode, chacun éliminera ou admettra ce qui convient à sa situation, et sur ce point, je ne diffère pas d'opinion avec M. Gatellier.

Pourquoi estimer les fumiers par leur titrage chimique ?

Il est à cette méthode d'estimation une raison très simple, très décisive, c'est que vu l'état du marché général des engrais, il n'est plus possible à l'agriculture de s'isoler, de s'ériger en abstraction, de ne pas comparer sans cesse la valeur commerciale de ses fumiers à la valeur commerciale des engrais extérieurs qu'elle peut se procurer à prix d'argent. Quand, par exemple, on lui offre de l'azote à 2 fr. 50 le kilog., de l'acide phosphorique à 1 fr., de la potasse à 0 fr. 60, elle comprendrait très mal ses intérêts, si elle ne cherchait pas à produire des fumiers où ces éléments lui reviendraient à meilleur marché.

L'un de nos collaborateurs, M. Borel, va plus loin. Il ajoute à ces trois éléments, la chaux comptée 3 centimes le kilog., les matières organiques non azotées compfées 1 centime, le purin compté 30 centimes les 100 litres. Et son fumier vaut commercialement 28 fr. 62 la tonne, parce que telle est sa valeur comparée, azote pour azote et ainsi de suite, aux éléments similaires des engrais commerciaux.

Je comprends cette méthode et je l'ai adoptée dans mon cours d'*Economie rurale* à l'Institut national agronomique, parce que l'agriculture de notre époque doit s'organiser très sérieusement pour l abaissement du prix de ses matières fertilisantes. Je viens de citer un fumier *qui vaut* 18 fr. 50 la tonne. N'est-il pas évident que si l'agriculture le produisait à 9 fr. 25 la tonne, au lieu de 18 fr. 50, elle obtiendrait le kilog. :

<pre>
d'azote........................ à 1.25 au lieu de   2.50
d'acide phosphorique.......... à 0.50   —   1.00
de potasse.................... à 0.30   —   0:60
</pre>

« Que ceci, comme je l'ai souvent écrit, se fasse en grand, et il faudra bien que l'industrie des engrais baisse ses prix. Tout au moins, est-il permis de dire que, sans aller jusqu'à cette réduction de moitié, il est de fait que le bétail rationnellement exploité peut exercer une action souveraine sur le prix général des engrais, c'est-à-dire sur le grand agent de l'abaissement du prix de revient de toutes nos récoltes. Présentement, il empêche la hausse exagérée du prix des matières fertilisantes. Ce n'est pas assez, l'économie rurale doit avoir pour un de ses principaux objectifs d'obtenir la tonne métrique de fumier à moins de 18 fr. 50. Tout abaissement de ce prix de revient se traduira forcément par un abaissement proportionnel du prix de revient de l azote, de l'acide phosphorique, de la potasse, qui sont, d'après la chimie, les principales matières premières de nos récoltes, les matières que l'agriculture est le plus intéressée à se procurer, soit dans ses étables, soit par la voie du commerce. »

La concurrence entre les engrais du commerce et les fumiers
de la ferme est devenue une nécessité absolue de notre situation économique. Cette concurrence n'aboutira jamais à l'exclu-
sion, car *toutes les matières fertilisantes*, quelle que soit leur
origine, ont leur utilité agricole : la question entre elles est
une question de prix, une question d'équilibre. Je suis même
porté à croire que plus on produira de fumiers, mieux on com-
prendra la nécessité de les compléter par les engrais chimiques
de bon aloi.

Ainsi, premier point. En quête d'engrais à bon marché, mais
de bonne qualité, l'agriculture n'a qu'un moyen de démontrer
que l'industrie lui vend ses engrais trop cher. C'est d'analyser
ses fumiers, c'est de connaître leur *prix de revient* comme
l'indique M. Gatellier, c'est de pouvoir dire, par exemple,
qu'elle obtient l'azote à 1 fr. 25 au lieu de 2 fr. 50, quand elle
a le fumier à 9 fr. 25 la tonne.

L'azote à 1 fr. 25, à 1 fr. 50, à 2 fr. le kilog., dans le fumier
de ferme, alors que l'industrie ne le vend pas à moins de 2 fr. 50,
n'est-ce donc pas là un résultat assez important pour engager
l'agriculture à adopter la méthode d'estimation des fumiers par
la valeur commerciale ? Et ne voit-on pas qu'il suffirait que
quelques chefs de file adoptassent cette méthode, pour que le
grand nombre les suivit de près et sans que chaque cultivateur
eût besoin de faire analyser ses fumiers ?

Le débat, d'ailleurs, n'est pas seulement entre les fumiers et
les engrais chimiques, car l'agriculture achète des fumiers de
caserne, des fumiers d'auberge, des fumiers de ville, et par
conséquent, elle est intéressée à rechercher ce qu'il y a dans
les fumiers, ce qu'ils valent comparativement aux siens et aux
engrais de fabrique.

Et puis, la méthode d'estimation commerciale n'a absolument rien de neuf. Elle est employée, depuis longtemps, pour
les engrais du commerce que l'on paye; on ne devrait payer
que d'après leur teneur en azote, phosphate et potasse. Je
persiste dans mes conclusions. Jugeons les engrais, non au
poids brut seulement, mais en tenant compte de leur composition chimique, de leur degré d'assimilabilité, de leurs pro-

priétés physiques. Apprenons à les associer dans les meilleures proportions, eu égard aux convenances du sol et des plantes. Organisons, enfin, entre les engrais du commerce et les fumiers, une concurrence qui ne pourra tourner qu'au profit de la production agricole et de la consommation publique. L'industrie des engrais restera debout: elle fera comme l'agriculture, elle cherchera le mieux. Telle est la condition de tous les progrès.

II

Dominé qu'il était par le spectre américain, M. Gatellier, à la recherche de grandes sources d'azote, a préconisé l'extension des prairies artificielles, luzernes, trèfles et sainfoins, à l'effet de réduire les frais de production de nos blés français, ou plutôt des blés de l'arrondissement de Meaux.

En sa seconde étude et, s'appuyant sur l'autorité de M. Georges Ville, MM. Schlœsing et Muntz, MM. Lawes et Gilbert, il dit :

« Pour économiser le plus possible la dépense d'engrais qui doit être dans notre sol composé d'azote et d'acide phosphorique, nous devons autant que possible éviter la dépense d'azote qui est la plus élevée et, pour cela, nous devons rechercher les moyens qui nous permettent d'introduire l'azote au meilleur marché. Or, le mode le plus économique de fournir l'azote au sol n'est pas de l'apporter *par un fumier plus azoté qui coûte plus ou moins cher, mais de le tirer de l'atmosphère gratuitement* par la rotation la plus répétée possible dans l'assolement, des plantes légumineuses, telles que luzerne, trèfle ou sainfoin. »

Je l'avoue : très grand partisan des prairies artificielles, je n'ose pas, dans l'état actuel de la science, me prononcer aussi affirmativement sur *cet azote gratuit* que, d'après certaine école, nous fournirait l'atmosphère par l'intermédiaire des légumineuses fourragères. Je n'affirme, ni ne nie. Je doute, voilà tout. Et, dans cet état de doute, j'attends en toute confiance le résultat des travaux de nos savants. Mais, comme l'agriculture doit fumer ses terres pour y récolter chaque année, il me paraît qu'elle a fortement raison de ne pas tenir compte de l'apport d'azote atmosphérique, et de continuer à fumer plutôt au-dessus qu'au-dessous des besoins de ses récoltes. Il y a tant de causes de déperdition d'engrais par évaporation, infiltration, entraînement par les grandes pluies, qu'il est prudent, je le répète, de demeurer dans un doute philosophique, quant à l'azote, et d'agir en conséquence. Ceci ne veut pas dire qu'on ne doive pas faire beaucoup de prairies artificielles. Loin de là et pour de très nombreux motifs, entre autres pour cause de solidarité entre le bétail et le blé, notre agriculture ne saurait trop persévérer dans l'engazonnement d'une partie de ses terres, comme moyen d'accroître le rendement de ses céréales.

J'en demande pardon à M. Gatellier. Il croit à la fixation de l'azote atmosphérique par les légumineuses, et dans cette croyance, il n'attache pas une grande importance au fumier qui le fournit plus ou moins chèrement. Une source abondante, l'atmosphère, est là : les légumineuses y puiseront de manière à dispenser le cultivateur de l'apporter par la voie des engrais. Je ne veux pas insister sur des dissidences d'école. Il me suffit, pour l'instant, de prendre acte de l'opinion du savant vice-président de la Société d'Agriculture de Meaux, pour que nos lecteurs comprennent l'ordre d'idées dans lequel nous écrivons l'un et l'autre. M. Gatellier veut réduire les frais de fumure en donnant la prédominance au fumier de vacherie qui, à Ferrières, *revenait moins cher au quintal brut*, que le *fumier de bergerie*. Il fait remarquer que la vacherie doit en grande partie ses bénéfices et son bas prix de revient du fumier à sa grande consommation de légumineuses fourragères qui puisent une portion de leur azote dans l'atmosphère. Loin de moi de m'inscrire contre son conseil de développer les prairies artificielles, en Seine-et-Marne. Je désire rester sur mon terrain des *engrais*. Je prétends que leur composition chimique importe beaucoup, quand bien même l'atmosphère verserait des torrents d'azote sur certaines de nos récoltes. Déjà, j'ai cherché à démontrer que, pour négocier avec l'industrie des engrais, l'agriculteur a raison de rechercher à quel prix, dans la ferme et dans la fabrique, sont produits les principaux éléments de fertilisation du sol, l'azote, l'acide phosphorique, la potasse, et si l'on veut, la chaux. Il me reste, maintenant, à développer la question sous une autre face. Il me reste, au risque, de me répéter, à revenir sur la nécessité de séparer nettement les *comptes-culture* des *comptes-bétail*.

III

Les lecteurs de ce journal savent que l'un de mes plus vifs désirs serait, à l'aide de renseignements que je sollicite de tous côtés, de préciser très nettement les *mérites financiers* de chacune de ces deux branches d'exploitation rurale : l'exploitation du sol d'une part, l'exploitation du bétail d'autre part. Or, le fumier joue un très grand rôle dans ma démonstration. Il est le trait d'union entre la production animale et la production végétale. Il est une valeur. Il est un capital. Il n'est pas possible de le traiter comme l'une de ces valeurs fictives qu'on diminue ou grossit selon les besoins de la cause. Il n'est pas, ne doit pas être un artifice de comptabilité favorisant la présentation de bénéfices de mauvais aloi.

C'est un fait, un fait pratique : le fumier vaut ce que valent son azote et ses autres éléments cotés sur le marché aux engrais. Les comptabilités qui lui donnent une valeur plus élevée que celle des valeurs similaires du commerce sont des comptabilités qui grossissent l'inventaire de la ferme et qui surchargent les récoltes en avantageant à tort le bétail. Celles qui le déprécient font perdre le bétail au profit des cultures. Celles qui le suppriment ne sont à la hauteur, ni de la situation scientifique, ni de la situation économique. Plus que jamais, il faut savoir compter, comparer valeurs contre valeurs.

Qu'une ferme évalue commercialement ses fumiers à 20 ou 22 fr. les 1,000 kilos, parce que telle est leur *valeur locale*, leur valeur déterminée par leur titrage, il est évident que les animaux producteurs seront crédités d'une valeur réelle non d'une valeur fictive, fantaisiste. De même qu'on les *débite* de fourrages estimés au prix du marché, de même, logiquement, il est juste de les *créditer* de fumiers estimés au prix du marché, sans s'arrêter à cette objection que la vente des fumiers, c'est l'exception, et que, par conséquent, il n'y a de fumiers abordables que pour la banlieue des grandes villes. Outre que le fumier est expédié aujourd'hui à longues distances, il a pour auxiliaires les engrais plus ou moins concentrés, qui sont comme lui des sources d'azote et d'acide phosphorique. N'oublions pas, ne supprimons pas cet état de choses. Nous avons des termes de comparaison des bases d'estimation. Donc, comparons et estimons.

Quand le bétail consommera les fourrages au prix du marché, déduction faite de certains déchets, des frais de transport et des différences de qualité des denrées; quand l'agriculture comptera les fumiers au prix du marché des engrais qui est très vaste maintenant; alors seulement, la comptabilité agricole sortira du domaine des fictions pour entrer dans le domaine du réalisme.

J'ai souvent insisté sur ce point d'économie rurale. Le temps est venu, ce semble, où l'agriculture, celle du moins qui peut beaucoup vendre et beaucoup acheter, doit s'organiser commercialement, c'est-à-dire sur la base des prix du marché. Le bétail, dans une ferme, ne doit pas faire de cadeau à la culture, ni la culture au bétail. A chacun son compte. Et notons bien que cette spécialisation des comptes n'exclut en rien la solidarité entre les diverses branches d'exploitation. En résumé, tout vient aboutir au compte *profits et pertes*. Seulement, on est fixé sur le rendement des divers capitaux de l'entreprise. On sait ce qu'on gagne par le blé, par la betterave, par les bœufs et par les moutons. De deux choses l'une : ou les analyses chimiques sont choses de science pure, ou elles sont choses appelées à guider la pratique dans ses opérations. J'estime qu'elles nous aideront beaucoup à faire la part du bétail et des récoltes. En tout cas, c'est à l'un de ces points de vue que je me suis placé pour parler fumier à propos des brochures de M. Gatellier.

I V

M. Gatellier fait observer que le sol de son pays est assez pourvu de calcaire et de potasse pour que ces deux éléments n'entrent pas en ligne de compte dans le prix du fumier. C'est un point de vue local, spécial. Et je dis que, dans cette manière de compter, on porte préjudice au *compte-bétail*, qui a livré au sol, par ses fumiers, une certaine somme de potasse et de chaux. A chaque engrais ses qualités et ses défauts. Pour le fumier, c'est un de ses inconvénients que j'ai fait ressortir plusieurs fois, d'être un engrais complexe à parties inséparables, tant et si bien que, dans les très grosses fumures au fumier seulement, fumures calculées en vue de l'azote, il y a souvent des excédents de phosphates, de chaux, de potasse, qui séjournent dans le sol à l'état de non-valeur, à l'état de capital dormant. A cet égard, il faut convenir que les engrais chimiques, par cela seul qu'ils sont spéciaux, par cela seul qu'ils peuvent se combiner en des proportions variables selon les besoins de l'alimentation végétale, présentent plus de facilité pour le dosage des fumures. Certes, voilà des motifs pour que la comptabilité exprime en chiffres les faits tels qu'ils sont. Elle constate tout brutalement, pour ainsi dire. Et c'est en procédant de cette manière qu'elle nous apprendra à mettre chaque engrais à sa place et dans les proportions voulues. Si le fumier apporte des valeurs inutiles, au moins provisoirement, ceci ne regarde pas la partie cédante, le bétail. Ce qu'il a livré, les récoltes doivent le payer. Et si en payant certaines matières, les récoltes sont moins rémunératrices qu'elles le seraient en étant débitées de ce dont elles ont besoin seulement, il y a là un avertissement utile, ls capital-engrais est mal aménagé, il contient trop d'alcalis, il faut recourir aux engrais spéciaux pour établir un meilleur équilibre.

Assurément, l'ancienne agriculture par le fumier seulement, était dans le vrai en raisonnant autrement. Elle n'avait pas le choix. Est-il donc étonnant qu'en ce temps-là certaines substances fertilisantes se soient trouvées en excédent dans le sol et que d'autres substances s'y soient trouvées en déficit ?

Décidément, nous avons mieux à faire désormais dans cette voie où s'est placé M. Gatellier, lorsqu'il a compté au blé une avance de 230 francs d'engrais par hectare, dont 80 francs *valeurs engrais chimiques* et le reste en fumier. On discuterait longtemps sur ces 230 francs imputés au blé de Seine-et-Marne, si on ne voyait que le blé, rien que le blé, abstraction faite des conditions économiques dans lesquelles il s'est produit. Les uns avantageraient le blé, les autres le bétail. Tout dépendrait du résultat plus ou moins fictif qu'ou voudrait mettre en relief. Je suis convaincu que M. Gatellier ne veut que la vérité, mais j'espère qu'il me placera aussi parmi les chercheurs de vérité. Et d'une discussion ainsi conduite, nos lecteurs tireront probablement quelque conclusion utile.

V

C'est un antique usage d'attribuer au blé le tiers des frais de fumure, et c'est en vertu de cette tradition que M. Gatellier porte une somme de 150 francs au débit d'un blé qui rend 24 hectolitres par hectare. Il est vrai qu'il ajoute 80 francs pour les engrais complémentaires du fumier. Soit donc une fumure de 230 francs par hectare.

Pourquoi ces 230 francs? Pourquoi ces 30 p. 100 de l'avance totale du fumier?

Que M. Gatellier le veuille ou non, sa méthode tend, ou à grossir, ou à atténuer le prix de revient du blé, selon que le fumier est compté au-dessus ou au-dessous de sa valeur, selon surtout qu'on le répartit entre les récoltes absorbantes.

On est ici en plein dans le domaine de la fantaisie. Tant que sera appliquée cette méthode de comptabilité, je défie qu'on s'entende sur la question des prix de revient du blé, prix dans lesquels, nécessairement, le fumier entre comme principal élément de dépense. Les journaux et les livres d'agriculture sont la preuve irrécusable de ce que j'écris en ce moment. C'est la bouteille à l'encre : c'est un inextricable dédale de chiffres. Impossible d'y trouver autre chose que le chaos.

Qu'est-ce qu'une récolte de blé, eu égard aux engrais qu'elle doit trouver dans le sol !

C'est, d'après M. Boussingault, pour une récolte de 18 hectolitres de grain avec sa paille, une somme totale de :

35 à 36 kil. d'azote.
185 à 186 kil. de matières minérales (phosphates, chaux, potasse, etc.).

On sait que, pour les matières minérales, toutes viennent du sol. Quant à l'azote, il y a contestation. Je crois que le mieux, en ce cas, c'est d'admettre jusqu'à plus ample informé que tout l'azote vient du sol, c'est-à-dire des engrais. La méthode que n'admet pas M. Gatellier est tout entière dans cette idée, que les matières premières à fournir au blé doivent être au moins, poids pour poids, celles que l'analyse retrouve dans sa composition et qui ne se trouvent pas dans le sol à l'état voulu d'assimilabilité. Ne les lui fournissez pas sous forme d'engrais, la récolte s'en ressentira. Mettez-les en excédent, ce sera une prodigalité, ce sera un placement recouvrable à long terme, si toutefois il n'est pas à fonds perdus.

Telles fumures, telles récoltes, c'est un vieil axiome que la science a rajeuni. J'en tire cette vérité que le moyen de répartition rationnelle de la fumure entre les récoltes, c'est l'attribution à chacune d'elles de la somme d'azote et autres substances fertilisantes que chacune d'elle comporte. Autrement, je le répète, nos discussions sur les prix de revient dureront autant qu'il y aura de langues pour parler et de plumes pour écrire.

VI

Une récolte de 24 hectolitres de blé par hectare, est-ce là le maximum qui se traduira, en France, par un abaissement du prix de revient du blé ?

Non certes puisqu'on connaît des récoltes de 30 à 40 hectolitres qui, dans l'état actuel de notre culture intensive, sont les seules qui puissent être rémunératrices sur des terres grevées comme celles de Seine-et-Marne, d'un loyer de 100 francs par hectare.

Je connais trop M. Gatellier pour supposer qu'il regarde ce rendement de 24 hectolitres comme un *nec plus ultra*. Il s'est borné à une constatation de faits actuels, et je veux l'imiter en cela pour ne pas prolonger cet article. Viser des récoltes de plus de 30 hectolitres, c'est là, cependant, l'une des conditions du salut de l'agriculture de Seine-et-Marne. Elle y arrivera surtout par les engrais, par les prairies artificielles, par l'excellent fromage de Brie. L'un de ses agriculteurs d'avant-garde, M. Gatellier a publié pour elle de très utiles brochures dont j'aurais à parler plus d'une fois encore. Que l'auteur de ces brochures ne s'y trompe pas. Je ne pouvais lui donner une plus haute preuve d'estime qu'en insistant, à propos de ses publications, sur la nécessité d'estimer les fumiers autrement qu'au quintal brut, afin d'établir d'une manière plus équitable les *comptes-cultures* et les *comptes-bestiaux*, afin surtout de montrer plus lucrative qu'on ne la croit généralement, l'exploitation du bétail, afin, par conséquent, de présenter sous son vrai jour la question du blé.

E. LECOUTEUX.

Le but que je me suis proposé n'est pas d'établir un nouveau mode de comptabilité agricole, mais de rechercher une manière de cultiver qui nous permette de lutter avec l'Amérique pour la production économique du blé, et pour arriver à ce résultat.

E. G.

CONCLUSION

La méthode que je préconise pour la production économique du blé a, comme point de départ la culture normale de notre pays, c'est-à-dire l'emploi du fumier et des engrais complémentaires. Le fonds de la fumure est le fumier de ferme coûtant le meilleur marché possible. Il doit être obtenu par des animaux d'espéce variable suivant chaque localité, choisis de façon que leurs dépenses de nourriture et d'entretien soient les moins élevées et que leurs produits soient les plus rémunérateurs.

Les engrais complémentaires dépendent de la nature du sol, de la composition du fumier employé et des récoltes précédentes.

Cette méthode est basée sur deux principes : 1º l'absorption directe ou indirecte de l'azote de l'air par les plantes légumineuses, et 2º l'équilibre à établir entre les éléments azotés et minéraux immédiatement assimilables par les plantes, de façon à éviter l'excès de l'élément azoté qui produit la verse, l'échaudage et même la rouille du blé.

L'absorption de l'azote de l'air par les plantes légumineuse est encore contestée par quelques théoriciens ; mais elle est généralement admise par les praticiens qui savent parfaitement qu'après défrichement de luzerne, trèfle ou sainfoin, les plantes subséquentes ont dans le cours de leur végétation une coloration d'un vert foncé qui est l'indice d'un excès d'azote dans le sol.

L'équilibre nécessaire entre les éléments azotés et minéraux est un fait d'expérience. Les plantes peuvent avoir une composition chimique variable suivant la nourriture qu'elles puisent dans le sol. Pour les faire parvenir à leur développement normal et à une maturité convenable, il ne faut pas d'excès de matière azotée, et l'on peut toujours compenser l'excès d'azote contenu dans le sol par une addition de matières minérales et surtout de celles qui font défaut à ce sol.

E. Gatellier.

TABLE DES MATIÈRES

L'ART DE MOUDRE

Par M. Félix HARDOUIN

RENSEIGNEMENTS — INDICATIONS UTILES

Céréales. — Ustensiles de meunerie. — De la mouture et des meules. — Farines et panification. — Comptabilité du meunier.

Un beau vol. in-18 jésus de 156 pages. — Prix : 3 fr. 50 ; *franco*, 3 fr. 75.

LA MEUNERIE FRANÇAISE

ET LES PROCÉDÉS NOUVEAUX APPLIQUÉS PAR LA MEUNERIE ÉTRANGÈRE

Par M. Philippe KREMER

Compte rendu de l'Exposition internationale de matériel de meunerie et des procédés nouveaux de mouture des blés (Londres, 10 au 18 mai 1881).

Un volume de 108 pages, avec figures dans le texte et 5 planches. Prix : 4 fr. — Rendu *franco*, 4 fr. 50.

GUIDE DU MEUNIER

ET DU

CONSTRUCTEUR DE MOULINS

Par M. P.-M.-N. BENOIT

Ire partie : CONSTRUCTION DES MOULINS. — IIe partie : MEUNERIE.

2 vol. in-8° de 900 pages, avec 22 planches contenant 328 figures. Prix : 12 fr. — Rendu *franco*, 12 fr. 75.

MEUNERIE ET BOULANGERIE

PREMIÈRE PARTIE

Améliorations dans les procédés de fabrication. — Frais approximatifs d'une petite boulangerie. — Fondations de grandes boulangeries. — Prix et poids des pains de fantaisie et de luxe. — Rendement de la farine en pain. — Frais de mouture. — Bénéfice de la meunerie. — Prix de revient du blé. — Frais de culture et de moisson. — Production du blé dans les principaux pays. — Composition des blés et farines. — Moyens de mesurer le volume réel, la densité et le degré d'hydratation des grains de blé. — Essai des farines.

Par M. ARMENGAUD Aîné, ingénieur

Un beau vol. in-8° de 140 pages, avec planche : 6 fr. — Rendu *franco*, 6 fr. 50.

MANUEL DU BOULANGER

TRAITÉ COMPLET DE LA PANIFICATION FRANÇAISE ET ÉTRANGÈRE

Par MM. J. DE FONTENELLE et F. MALEPEYRE

2 volumes in-18 avec planches. — Prix : 6 fr. — Rendu *franco*, 6 fr. 50.

LE BULLETIN DES HALLES

JOURNAL QUOTIDIEN, COMMERCIAL ET AGRICOLE

FONDÉ EN 1846

DEUX ÉDITIONS PAR JOUR

DIRECTEUR : CHARLES BIVORT

Bureaux: 29, rue de Viarmes, Paris

Cotes officielles et Cours commerciaux
Avis télégraphiques et correspondances des principaux
marchés de France et de l'Etranger
Revue de la Semaine chaque Samedi

FARINES — GRAINS — GRAINES — HUILES — PÉTROLES
ALCOOLS — VINS — SUCRES — MÉLASSES — SUIFS
PRODUITS STÉARIQUES — HOUBLONS — FOURRAGES
BESTIAUX

Viandes, Volailles, Gibiers, Poissons, Beurres, Œufs,
Fromages, Fruits et Légumes, Lards, Saindoux, Salaisons
Savons, Denrées coloniales, Cafés, Cotons, Laines,
Jutes, Chanvres, Engrais, Charbons, etc., etc.

Météorologie
Mouvement maritime, Départ et Arrivée des Paquebots-poste
Ventes de Fonds de commerce
Adjudications et Ventes publiques, Sociétés, Faillites
Brevets d'invention, Bourse et Bulletin financier, Théâtres
Renseignements divers
Statistique, Législation et Jurisprudence commerciales

TARIF DES ABONNEMENTS :

	UN AN	SIX MOIS	TROIS MOIS
PARIS.........	26 fr.	14 fr.	8 fr.
DÉPARTEMENTS.	36 »	20 »	11 »
ETRANGER	46 »	24 »	13 »

On peut s'abonner à un, à deux, ou à trois numéros par semaine.

Service d'essai gratis pendant huit jours sur demande

Paris. — Imp. du *Bulletin des Halles*, rue de Sartine, 4. (Th. Wunderlich).

LE BULLETIN DES HALLES

JOURNAL QUOTIDIEN, COMMERCIAL ET AGRICOLE

FONDÉ EN 1846

DEUX ÉDITIONS PAR JOUR

DIRECTEUR : CHARLES BIVORT

Bureaux : 29, rue de Viarmes, Paris

Cotes officielles et Cours commerciaux
Avis télégraphiques et correspondances des principaux
marchés de France et de l'Etranger
Revue de la Semaine chaque Samedi

FARINES — GRAINS — GRAINES — HUILES — PÉTROLES
ALCOOLS — VINS — SUCRES — MÉLASSES — SUIFS
PRODUITS STÉARIQUES — HOUBLONS — FOURRAGES
BESTIAUX
Viandes, Volailles, Gibiers, Poissons, Beurres, Œufs,
Fromages, Fruits et Légumes, Lards, Saindoux, Salaisons
Savons, Denrées coloniales, Cafés, Cotons, Laines,
Jutes, Chanvres, Engrais, Charbons, etc., etc
Météorologie
Mouvement maritime, Départ et Arrivée des Paquebots-poste
Ventes de Fonds de commerce
Adjudications et Ventes publiques, Sociétés, Faillites
Brevets d'invention, Bourse et Bulletin financier, Théâtres
Renseignements divers
Statistique, Législation et Jurisprudence commerciales

TARIF DES ABONNEMENTS

	UN AN	SIX MOIS	TROIS MOIS
PARIS	26 fr.	14 fr.	8 fr.
DÉPARTEMENTS	36 »	20 »	11 »
ÉTRANGER	46 »	24 »	13 »

On peut s'abonner à un, à deux, ou à trois numéros par semaine.

Service d'essai gratis pendant huit jours sur demande

Paris. — Imp. du *Bulletin des Halles*, rue de Sartine, 4. (Fl. Wunderlich).